MOHR · ELEKTRIZITÄT AUF YACHTEN

ULRICH MOHR

Elektrizität auf Yachten

VERLAG KLASING & CO. GMBH, BIELEFELD

6. Auflage

ISBN 3-87412-014-7

Einbandgestaltung: Siegfried Berning

Druck: Kunst- und Werbedruck, Bad Oeynhausen

Inhaltsverzeichnis

Eine notwendige Vorbemerkung

Noch vor gar nicht allzu langer Zeit war Elektrizität auf Yachten vollkommen unbekannt. Die wenigsten Boote besaßen einen fest eingebauten Motor, die Laternen wurden wie in alten Zeiten mit Petroleum betrieben, das billig und zuverlässig war und höchstens ein bißchen roch, wenn beim täglich fälligen Nachfüllen etwas danebenging. Indessen ist es so, wie wir es schon in der Schule lernten: tempora mutantur et nos mutamur in illis. Der Schalter an der Wand und an Geräten, die heiße und kalte Musik, Wärme und Kälte, Kaffeepulver und Zeitgeschehen produzieren können, hat uns verwöhnt. Die Petroleumlampe erscheint uns immer mehr als Anachronismus. Kurz: Die Elektrizität und ihre jüngere Tochter, die Elektronik, haben Einzug auf dem Wasser gehalten. Es wäre nicht nur müßig, der guten alten Zeit nachzutrauern, die meist gar nicht so gut war wie man sagt, sondern sogar töricht, denn die Elektrizität eröffnet uns Möglichkeiten, die man früher nicht kannte – keineswegs nur mehr Bequemlichkeit, sondern auch mehr Sicherheit auf See. Elektrik ist unentbehrlich geworden.

Jedes Kind weiß das, und jeder kennt die Geräte und Apparaturen, mit denen uns die Elektronik beschenkt hat. Aber nur sehr wenige wissen, wie es hinter den Schalttafeln aussieht, welche Gesetze dafür gelten, und wie man etwas heil macht, wenn es nicht mehr funktioniert.

Hier will nun dieses kleine Buch einsetzen. Es wird *kein* Lehrbuch der Elektrizität oder Elektrotechnik, sondern muß das voraussetzen, was ein Mittelschüler gelernt hat, wenn er aus der Schule entlassen wird. Es will dem Besitzer einer Yacht behilflich sein, die elektrischen Einrichtungen an Bord kennenzulernen, zu überprüfen und, soweit möglich, zu reparieren. Vor allem aber soll es ihn in die Lage versetzen, die von der Werft vorgeschlagenen und vorgenommenen Arbeiten zu verstehen und zu beurteilen. Wenn er etwas handwerkliches Geschick und eine gewisse Kenntnis der Grundlagen hat, soll es ihm helfen, einfache Anlagen selbst zu entwerfen und anzulegen. Dazu muß aber gleich eingangs mit Nachdruck gesagt werden: Wer sich an elektrischen Anlagen versucht, nimmt Verantwortung auf sich, auch wenn es sich

„nur“ um Niederspannung handelt – von Mittelspannung, der im Haushalt üblichen Spannungen von 110–220 V soll und *muß* er sogar seine Finger lassen, denn hier begibt er sich in ein Gebiet, in dem Gefahr für sein Leben besteht.
Elektroanlagen auf Schiffen müssen, auch wenn das Netz nur mit „harmlosen“ Niederspannungen von 6–34 V arbeitet, mit einer ganz besonderen Sorgfalt und Vorsicht ausgeführt werden. Einmal können sich Benzindämpfe oder Flaschengas im Schiff ansammeln, die eine enorme Sprengkraft haben (1 Tasse Benzin entspricht 15–20 Dynamitstangen), wenn sie durch den elektrischen Funken an einem Wackelkontakt oder billigem, ungeschütztem Schalter gezündet werden – in Niederspannungsnetzen fließen meist relativ sehr hohe Ströme, die kräftige Funken machen. Zum anderen wäre eine Schiffskollision wegen ausgefallener Positionslaternen ein kaum minder großes Unglück.
Das Basteln, das so viele Funkamateure mit ernsthafter Liebhaberei betreiben, kann auch dem Bootseigner zum Hobby werden, aber er sollte es mit dem gleichen Schuß Ernst betreiben, mit dem er seine Yacht führt.

Stromquellen

Trockenbatterien

Selbst auf einer kleinen Jolle findet sich oft eine elektrische Stromquelle: die Batterie in der Taschenlampe, mit der nach Einbruch der Dunkelheit die so beliebten „Signale des letzten Augenblicks“ gegeben werden – vorausgesetzt, die oft monatelang arbeitslose, von allen übergangene Batterie tut es noch. Ein paar aufklärende Worte über die gute alte Taschenlampenbatterie sind in diesem Kapitel sehr wohl am Platze.

Trockenbatterien liefern Strom, weil (und solange) sich in ihrem Innern chemische Vorgänge abspielen. Der Zinkbecher des Elements wird dabei allmählich zersetzt. Deshalb soll man entladene Batterien sofort aus dem Gerät entfernen, sonst durchdringt das Chemikal (Elektrolyt) den mürben Becher und greift das Gerät an. Leider haben Trockenbatterien auch eine Selbstentladung von etwa 1 % ihrer Kapazität monatlich; werden sie äußerlich feucht, dann entladen sie sich sehr viel schneller, besonders bei Salzwasser. Deshalb, naßgewordene Batterien sofort aus dem Gerät entfernen! Der Elektrolyt kann auch durch andere Ursachen austreten, z. B. bei Temperaturen von 50° und mehr, die auch zu schneller Selbstentladung führen. Kurz: Man muß öfter mal in die Batteriebehälter des Gerätes sehen, und wenn das Gerät länger nicht gebraucht wird, nehme man die Zellen heraus, damit das Gerät nicht beschädigt wird.

Es gibt heute die sogenannten *leak-proof* Zellen, bei denen das ganze Element in einer Stahlhülse verpackt ist, die weitgehend gegen das Austreten von Elektrolyt schützt (aber nicht ganz) und das Austrocknen des Elements hinauszögert. Solche Batterien sind bis zu zwei Jahren lagerfähig, aber aus wertvollen elektronischen Geräten nehme man auch sie vor langen Betriebspausen (Winterlager) heraus.

Alles bisher Gesagte gilt generell für die Flachbatterien mit drei Zellen (4,5 V), die Mono- und Mignonzellen und für die kastenförmigen Vielzellenbatterien (Anodenbatterie).

Das einfache Kohle-Zinkelement liefert eine Spannung von 1,54 V und hat eine Kapazität von theoretisch 101,7 Ah/kg. Moderne Elemente geben Spannungen von 1,75 V pro Zelle. Das stärkste Element ist die Magnesium-Zelle mit 2,04 V und einer theoretischen Kapazität von 122,7 Ah/kg.
Diese theoretischen Werte werden in der Praxis aber nicht erreicht. Bei Stromentnahme sinkt die Spannung an den Polen um ~20 %, und die praktische Kapazität sinkt erheblich bei hoher Stromentnahme; bei Kurzschluß des Elements ist sie kaum noch 10 % des theoretischen Wertes. Eine normale, moderne Monozelle hat eine theoretische Kapazität von 8 Ah; das ist eine Energie, mit der man in einer Stunde ein Gewicht von 2,95 t einen Meter hoch heben könnte.
Spannung und Stromleistung der Trockenbatterien sind überdies von der Temperatur abhängig: unter −20° geben sie praktisch gar keinen Strom ab, bei Temperaturen unter 0° haben sie einen schlechten Wirkungsgrad, und bei +50° aufwärts gehen sie, wie gesagt, sehr schnell kaputt.
Die Abmessungen der meisten Trockenbatterien sind genormt. Am gebräuchlichsten sind die Monozelle mit 33 mm ⌀ und die Babyzelle mit 25 mm ⌀. Die in vielen elektronischen Kleingeräten verwendeten Mignonzellen haben 14,5 mm ⌀, und die Knopfzellen 15,5 mm ⌀. Neben einigen Spezialgrößen gibt es noch die Mikrozellen von 10,5 mm ⌀. Nach ihrer Belastbarkeit werden die Zellen unterschieden in: *Normal* für Beleuchtung (Varta-Kennfarbe: blau), für *Transistorgeräte* (Varta: rot) und Hochleistung für elektromotorische Geräte (Varta: orange).

Lichtmaschinen

Die wichtigste Stromquelle an Bord ist die „Lichtmaschine“. Um zu begreifen, warum eine solche Maschine, technisch Generator genannt, Strom erzeugt, müssen wir uns die Schulphysik in das Gedächtnis zurückrufen. Wir lernten damals, daß in einem elektrischen Leiter, wenn er die Kraftlinien eines Magnetfeldes schneidet, eine elektromotorische Kraft oder Spannung induziert wird. Dabei kann entweder das Magnetfeld durch einen feststehenden Leiter (eine Spule) bewegt werden oder

umgekehrt der Leiter durch das feststehende Magnetfeld. Da die Pole durch die Drehung ständig wechseln, entsteht im Leiter eine ständig wechselnde Spannung, und zwar nicht nur der Größe nach, sondern auch der Richtung: es entsteht ein Wechselstrom, der zum Aufladen einer Batterie nicht zu gebrauchen ist.
Bei den ersten und auch heute noch verwendeten Generatoren wurde der Strom „kommutiert", d. h. an einen aus vielen Lamellen bestehenden Kollektor geführt und dort durch Bürsten (Kohlestifte) als Strom gleicher Richtung abgenommen. Als die Halbleiterbauelemente erfunden wurden, bot sich eine neue und elegantere Art der Gleichrichtung: durch Siliziumdioden. Beim Drehstromgenerator, der sich heute im Auto durchgesetzt hat, gibt es keinen Kollektor mehr, sondern nur noch fest eingebaute Dioden. Wechselstrommaschinen geben den Ladestrom also nicht mehr über Bürsten ab, was einmal den Vorteil hat, daß es keine ständige Funkenbildung gibt, sie haben aber auch den Vorteil, daß die Dioden es ermöglichen, Gleichstrom in einem viel größeren Drehzahlbereich mühelos abnehmen zu können. Drehstromgeneratoren geben schon bei niedrigen Drehzahlen Leistung ab. Das hat im Auto Vorteile, weil im Stadtverkehr der Motor fast die Hälfte der Zeit im Leerlauf läuft, aber auch im Boot, wenn die Hauptmaschine zum Batterieladen verwendet werden muß.
Jede Lichtmaschine braucht eine Einrichtung, die die Spannung auf einem von der Drehzahl unabhängigen konstanten Wert hält, den Regler. Ohne Regler würde die Spannung bei steigenden Drehzahlen ständig größer werden. Der Regler steuert die Dichte der magnetischen Feldlinien durch Änderung des Stroms, der das Magnetfeld erzeugt.
Es gibt eine ganze Reihe von Möglichkeiten, den Erregerstrom zu steuern. Meist wird er einfach ständig ein- und ausgeschaltet, vielfach auch über einen Widerstand geleitet und geschwächt. Technisch macht man das entweder durch mechanisch bewegte Kontakte oder durch Transistoren. Bei den mechanischen Kontaktreglern betätigt ein von der Generatorspannung beeinflußter Elektromagnet gegen eine Federkraft die Kontakte. Bei Drehstromgeneratoren haben sich weitestgehend die Transistorregler ohne bewegte Teile durchgesetzt. Darüber weiter unten noch mehr.

Ein Vergleich des Drehstromgenerators mit dem Gleichstromdynamo sieht so aus:

Drehstromgenerator	*Gleichstromdynamo*
Leistung schon im Leerlauf	Leistung erst ab etwa 2000 U/min
Höhere Maximaldrehzahl	Bei hohen Drehzahlen Schwierigkeiten bei der Stromabnahme vom Kollektor
Wartungsarm	Kollektor und Bürsten pflegebedürftig
Praktisch keine Funkenbildung	Starke Funkenbildung, schwieriger zu entstören
Kleineres Leistungsgewicht	Schwer
Drehrichtung beliebig	Drehrichtung liegt fest
Lädt schneller auf, daher kleinere Batteriegröße	
Keine Probleme bei Parallelbetrieb von zwei Generatoren	
Regler elektronisch, wasserdicht	Regler mechanisch, nicht wasserdicht und mit Kontaktabnutzung
Normale Pkw-Generatoren haben Nennleistungen von ca. 450 W	bei gleicher Größe 130 W
Ladeströme von etwa 35 A	bei gleicher Größe 9 A
Nachteil: Dioden empfindlich für Fehler: falsche Polung und Abtrennen der Batterie	Robust und unempfindlich gegen Fehler.

Drehstromgeneratoren

Drehstromgeneratoren (englisch „alternator“) erzeugen einen dreiphasigen Wechselstrom, wie ihn auch die Elektrizitätswerke an Land liefern. Ein Wechselstrom hat, nach Spannung und Zeit graphisch dargestellt, die Form einer Sinuskurve. Die Spannung steigt von 0 auf den

Wert U (plus) und fällt dann über 0 auf minus U. Beim Drehstrom gibt es drei solche Sinuskurven, die „phasenverschoben" sind. Sie entstehen, weil die (fest stehende) Ständerwicklung, in der der Generatorstrom erzeugt wird, aus drei Wicklungen besteht. Innerhalb des Ständers dreht sich der „Läufer", der Magnet, genauer der Eisenkern, in dem Elektromagnetismus induziert wird, wenn Strom durch eine besondere Wicklung, die Erregerwicklung, läuft. Der Erregerwicklung wird Strom durch Schleifringe zugeführt. (Es gibt auch schleifringlose Generatoren, bei denen eine eigene kleine Erregermaschine am Läufer sitzt.)

Es würde zu weit führen, auf jede Bauform der Generatoren einzugehen. Es genüge zu sagen, daß der Läufer manchmal als Einzelpolläufer, bei kleineren Maschinen aber üblicherweise als Klauenpolläufer ausgebildet ist, bei dem 12 oder 16 Pole klauenförmig ineinander greifen.

Wie schon oben gesagt, muß der Wechselstrom gleichgerichtet werden, damit er eine Batterie laden kann. Die Gleichrichtung geschieht durch Dioden, durch die Strom nur in einer Richtung passieren kann. In der anderen Richtung sperren sie. Es wird jeweils die eine Halbwelle abgeschnitten und es entsteht ein leicht welliger Gleichstrom.

Für eine Vollweggleichrichtung benötigt man für jede Phase zwei Dioden, von denen die eine, die Plusdiode, die positive Halbwelle und eine Minusdiode, die die negative Halbwelle in der anderen Richtung durchläßt, insgesamt also sechs sog. Leistungsdioden. Außerdem muß der Erregerstrom, der die Pole magnetisiert, gleichgerichtet werden. Dazu braucht man drei aber wesentlich kleinere Dioden, die sog. Erregerdioden.

Dioden sind hitzeempfindlich. Sie sind daher in Kühlkörper eingelassen. In jedem kleineren Drehstromgenerator gibt es zwei Kühlkörper. Die Plusdioden befinden sich in einem isoliert angebrachten Metallteil. Dies ist notwendig, weil Dioden nur einen Anschluß haben, der zweite Pol wird durch das Gehäuse gebildet, damit die Wärmeabfuhr optimal erfolgen kann. Die Dioden werden durch einen Luftstrom gekühlt, was ein mit der Antriebswelle verbundener Lüfter besorgt.

Der Erregerstrom wird bei den meisten Generatoren, die auf Booten Verwendung finden, von den Ständerwicklungen abgezweigt. Er fließt also erst, wenn ein Magnetfeld vorhanden ist, das er ja erzeugen soll.

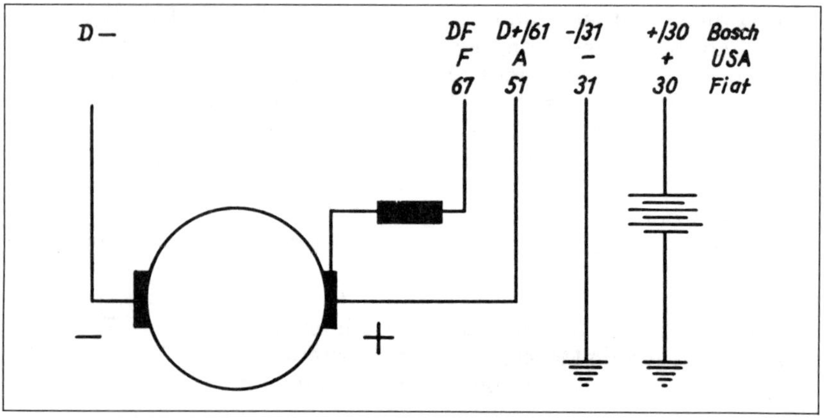

Abb. 1 Symbole und Bezeichnungen der verschiedenen Klemmen an einer Lichtmaschine und Batterie bei Anlagen von Bosch, amerikanischen Anlagen und bei FIAT.

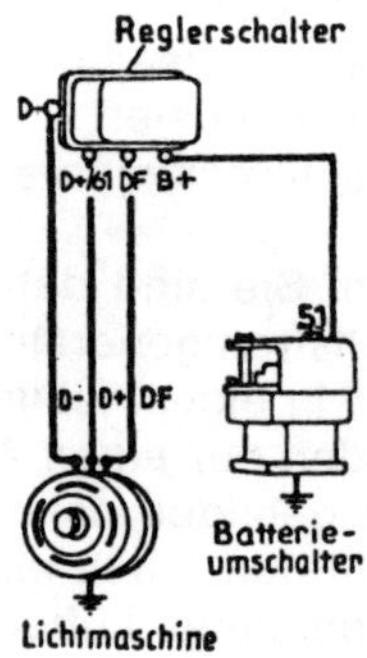

Abb. 2 Lichtmaschine und Regler, Symbole

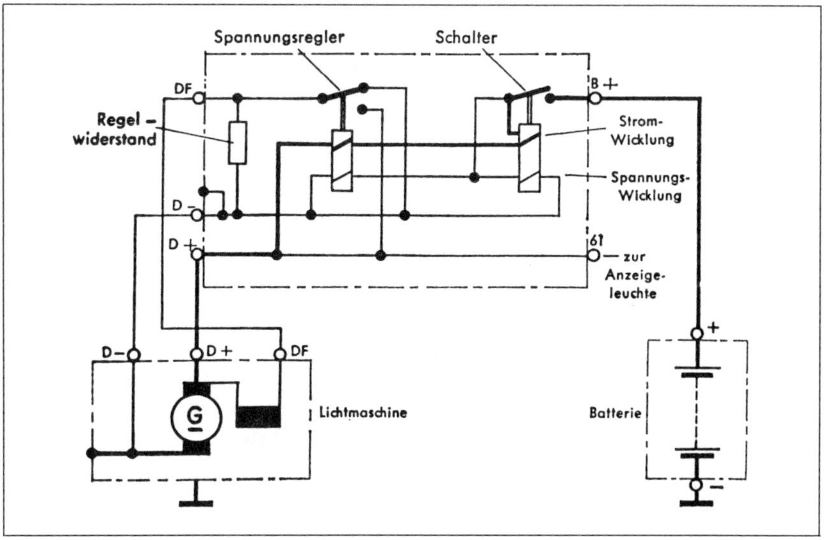

Abb. 3 Lichtmaschine mit Reglerschalter RS/TB

Das Problem wäre unlösbar, wenn nicht in den Magnetkernen ein gewisser, wenn auch geringer Magnetismus zurückbliebe, der sog. Restmagnetismus. Dieser genügt, um zu Anfang eine kleine elektromotorische Kraft im Ständer zu induzieren, die in der Erregerwicklung einen zunächst ebenfalls nur schwachen Elektromagnetismus erzeugt. In kürzester Zeit schaukelt sich das System auf, bis ein ausreichender Erregerstrom fließt.

Dies allein genügt aber in der Praxis nicht, weil die zu Anfang auftretende Spannung zu klein ist, als daß die Durchbruchspannung der Dioden erreicht würde – die Spannung, die erforderlich ist, um den inneren Widerstand des Halbleiters Diode zu überwinden. Sie beträgt ungefähr 0.5 V. Man hilft sich durch eine Vorerregung aus der Batterie. Dazu dient das Lämpchen der Ladeanzeige, das beim Einschalten des Fahrtschalters aufleuchtet, weil Strom vom Pluspol der Batterie über das Lämpchen (und den Regler) an die Erregerwicklung fließt. Für jeden Drehstromgenerator muß das Lämpchen einen bestimmten Wert

haben, damit die Erregung auch erfolgt, bei 12 V Generatoren z. B. 2 Watt.
Bei den üblichen im Bordbetrieb Verwendung findenden Drehstromgeneratoren wird bei 800 bis 1000 U/min mindestens die halbe Maximalleistung erreicht. Bei 1200 bis 1800 werden $^2/_3$ der Maximalleistung erreicht, oberhalb von 2000 nimmt der Generatorstrom nur noch geringfügig zu. Die Stromstärke $^2/_3$ Imax muß den Strombedarf der Dauerverbraucher decken, dieser muß daher bekannt sein (siehe Wattbilanz). An und für sich schadet eine weit höhere Drehzahl nicht, sie ist nur durch die Leistungsfähigkeit der Kugellager begrenzt.
Bootsmotore drehen im Leerlauf im allgemeinen zwischen 500 und 800 U/min. Die übliche Übersetzung von 1 : 2 reicht also aus, um aus einem kleinen Drehstromgenerator 6–10 A herauszuholen. Bei 1000 U/min steigt die Abgabe auf ca. 17 A, bei höheren Drehzahlen maximal auf etwa 35 A. Diese Zahlen beziehen sich auf eine verbreitete Type eines Boschgenerators. Natürlich lassen sich Generatoren für weit höhere Leistungen einbauen. Eine hohe Ladestromstärke erfordert aber auch eine entsprechend große Batterie.
Bei einer Übersetzung 1 : 2 sind die Keilriemenscheiben klein, was eine höhere Abnutzung der Keilriemen mit sich bringt. Die erfreulich hohe elektrische Leistung muß im übrigen natürlich als mechanische Energie hineingesteckt werden. Ein 12 V Drehstromgenerator, der 50 A abgibt, entnimmt der Maschine (der Wirkungsgrad ist ja nicht 100 %) etwa 1100 W (1.15 PS), eine stattliche Leistung für einen kleinen Keilriemen. Dem Keilriemen ist daher besondere Beachtung zu schenken. Besser sind natürlich bei höheren Leistungen im Paar laufende Keilriemen, nur sollte man diese Keilriemen als Paar abgeglichen kaufen. Nach einer Faustregel sollte der Durchmesser der Keilriemenscheibe zehnmal so groß sein wie die Breite des Keilriemens.

Die Regelung des Drehstromgenerators

Der Regler soll die Spannung des Generators konstant halten, bei 12 V Generatoren soll die Spannung 14.1 V nicht überschreiten, damit die Batterien nicht anfangen zu gasen (siehe unter Batterien). Wie schon gesagt wird dazu der Erregerstrom ständig kurz ein- und ausgeschaltet. Kontaktregler werden durch die Millionen von Schaltvorgängen stark

beansprucht, daher haben sich die elektronischen Feldregler durchgesetzt.
Die Rolle von Schaltrelais haben hier Transistoren übernommen – elektronische Schalter. Ein einfacher Regler enthält einen solchen Schalttransistor, der den Erregerstrom durchläßt oder unterbricht. Dieser Transistor wird von einem zweiten Transistor gesteuert, der immer dann anspricht, wenn eine Zenerdiode leitend wird. Zenerdioden haben die Eigenschaft, nur beim Überschreiten eines ganz bestimmten Sollwertes leitend zu werden.
Die Abbildung 4 zeigt die Schaltung eines Drehstromgenerators mit Regler.
Für Sonderfälle, z. B. auch für Boote, hat die Industrie Regler entwickelt, die mit einem sog. Folgeschadenschutz ausgestattet sind. Bei Ausfall des Reglers schaltet dieser ab, damit die Batterie nicht überladen wird und gast.
Elektronische Feldregler haben den einen Nachteil, daß sie fabrikseitig auf eine ganz bestimmte Ladespannung eingestellt sind, die sich nicht ändern läßt. Bei Autos spielt das keine Rolle, weil genügend Zeit zur Batterieladung vorhanden ist. Bei Schiffen aber möchte man die Hauptmaschine nicht unnötig lange laufen lassen. Es wurde deshalb vorgeschlagen, den Regler von Hand steuerbar zu machen, wodurch die Batterie schneller aufgeladen wird und sich vor allem die Zeit der Restladung abkürzen läßt. Der Wert einer solchen Einrichtung, die in dem Buch „Elektronik auf Yachten", Mohr/Muhs, Kleine Yachtbücherei Nr. 53 beschrieben wird, ist etwas umstritten, denn sie erfordert sorgfältige Überwachung des Ladevorganges, ist also nichts für vergeßliche Leute oder krasse Laien.

Überspannungsschutz

Die Ladespannung von Wechselstrom- (und anderen) Generatoren ist höher als die Batteriespannung (meist 13.8 bis 14.1 V). Eine solche Spannung geht natürlich immer dann, wenn der Generator lädt, auch in das Bordnetz. Empfindliche elektronische Geräte können Schaden nehmen, z. B. Lote, Loggen, Radio- und Funkanlagen. Man muß diese Geräte mit einem Gerät schützen, das als Spannungskonstanthalter bekannt ist. Schaltungen finden sich in dem vorstehend genannten Buch.

Abb. 4 Schaltung eines Bosch-Drehstromgenerators mit elektronischem Feldregler. Die Wicklungen für die drei Phasen (u, v, w) sind im Stern geschaltet. Der Drehstrom wird über die Leistungsdioden vollweggleichgerichtet und an B+ geführt. Die Erregerdioden richten nur die eine Halbwelle gleich und führen pulsierenden Gleichstrom an D+. Die an D+ liegende Spannung wird im Regler kontrolliert und so geschaltet, daß die Erregung eine konstante Spannung an B+ sicherstellt.

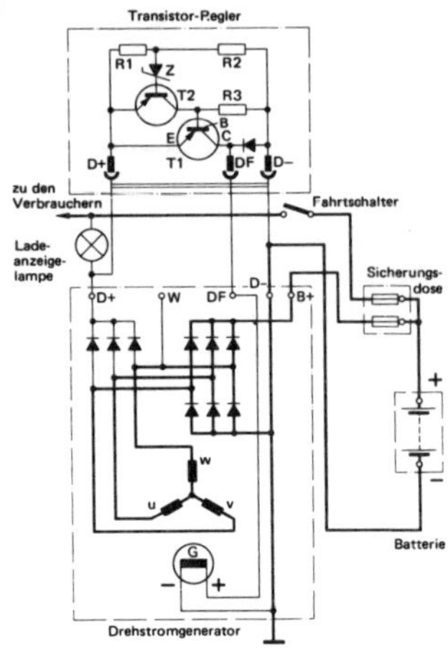

Abb. 5 Schutzschaltung für die Drehstromgenerator-Anlage (Bosch). Das Batterierelais sorgt in Verbindung mit den beiden Relais I und II dafür, daß die Batterie nur dann getrennt wird, wenn der Motor steht, unabhängig davon wie der Fahrtschalter steht. Wird der Fahrtschalter das erste Mal betätigt, wird das Batterierelais eingeschaltet und durch Relais I in dieser Stellung gehalten, Relais II verhindert das Ausschalten des Batterierelais bei laufendem Motor.

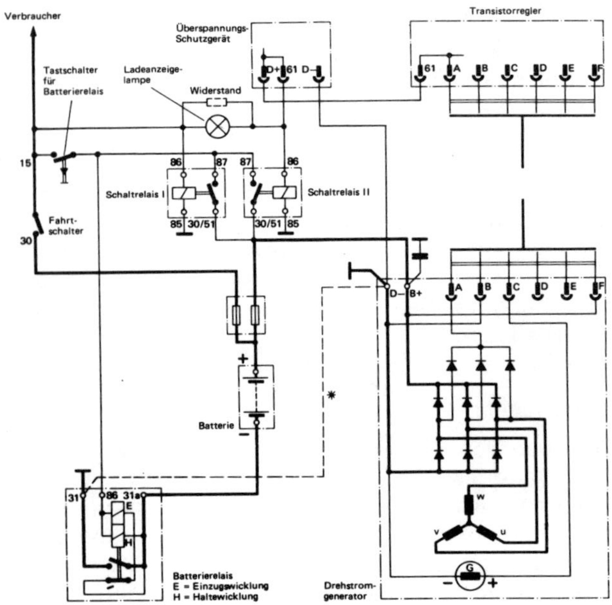

Einbau von Drehstromgeneratoren

Der Einbau wird meist von der Lieferfirma des Motors vorgenommen sein. Wechselt man einen Gleichstromdynamo gegen einen Drehstromgenerator aus, so läßt sich vielfach die Halterung ohne Schwierigkeiten abändern. Wichtig ist vor allem ein Einbau, wo das Gerät gegen Spritz- oder Tropfwasser geschützt ist. Zwar gibt es neuerdings seewassergeschützte Maschinen, bei denen Antriebs- und Schleifringlager chromatisiert sind, die Schleifringe und ihre Kontakte gekapselt angeordnet und der Generator innen schutzlackiert ist.
Bei Benzinmotoren genügt meist die Kapselung der Bürsten nicht, es sind besonders explosionsgeschützte Generatoren zu verwenden oder solche ohne Schleifringe.
Die Regler müssen so befestigt werden, daß sie nicht einer Erwärmung etwa durch Strahlung ausgesetzt sind. Die Leitungsabführung muß nach unten gerichtet sein.
Jeder Drehstromgenerator besitzt Ausgänge, die mit B+, D+, D– und DF bezeichnet sind. Der Ausgang B+ dient zum Anschluß an die Batterie mit einem Kabel, das für die fließenden Ladeströme – bis 35 A oder mehr – ausgelegt ist. Bis 30 A genügen Kabel mit 6 mm Querschnitt. Die anderen Ausgänge gehen zum Regler. D+ gibt die Spannung der Erregerwicklung an die Klemme D+ des Reglers, von wo sie geregelt als DF herauskommt und zum DF des Generators geht. D– ist die Minusleistung zwischen Regler und Generator. An D+ wird auch die Ladekontrollampe angeschlossen, zusätzlich kann man hier auch z. B. einen Betriebsstundenzähler anschließen.
Drehstromgeneratoren dürfen unter keinen Umständen auch für noch so kurze Zeit von der Batterie getrennt werden, da sonst die Gleichrichterdioden im Generator und der Regler beschädigt werden. Früher prüfte man bei Gleichstromdynamos die richtige Funktion, indem man mit der Ladeleitung an Masse tupfte, um zu sehen, ob ein ordentlicher Funke entstand. Dieses Verfahren ist bei einer Drehstrommaschine der sichere Tod für die Dioden.
Muß man einmal den Motor ohne Batterie laufen lassen, ist vorher der Regler vom Generator zu trennen. Hierdurch wird die Erregung abgeschaltet und der Generator erzeugt (fast) keinen Strom.

Das versehentliche Abschalten der Batterie ist immer dann möglich, wenn ein Handschalter oder ein Batterierelais vorhanden ist, um das Batterieplus abzutrennen. Abb. 5 zeigt eine von Bosch veröffentlichte Schutzschaltung für eine derartig bestückte Anlage.
Befinden sich im Bordnetz Geräte mit hohen Selbstinduktionen (Spulen), so können hohe und für die Dioden zerstörerische Induktionsspannungsspitzen auftreten. Auch hierfür gibt es ein Gegenmittel: Löschdioden.
Besonders muß auf die Zerstörung der Dioden bei falscher Polung der Batterie hingewiesen werden!

Gleichstromgeneratoren

Über das Prinzip wurde oben schon gesprochen. Gleichstromgeneratoren sind selbsterregend, d. h. der Restmagnetismus erzeugt die anfänglich noch geringe Erregungsspannung. Damit dieser Restmagnetismus (Remanenz) richtig gepolt ist, muß beim Einbau neuer oder überholter Generatoren der Generator eine Zeitlang als Motor laufen – polarisiert werden. Muß einmal die Drehrichtung vertauscht werden, so müssen die Ausgänge der Erregerwicklung vertauscht werden und es muß polarisiert werden.
Die Regler für Gleichstromgeneratoren sind komplizierter aufgebaut als bei Drehstrom, denn es kann nur die Spannung oder Spannung *und* Strom geregelt werden, wobei bei einem großen Drehzahlbereich die Spannungsregelung in zwei getrennte Systeme zerlegt wird, eins für niedrigere Drehzahlen, eins für hohe. Eine Besonderheit ist der Rückstromschalter. Sobald bei einem Gleichstromgenerator die Drehzahl stark absinkt, geht die Spannung so weit zurück, daß sie geringer ist als die Batteriespannung. Die Batterie entlädt sich dabei. Dieser höchst unerwünschte Effekt wird durch den Rückstromschalter verhindert.
Die verschiedenen Reglertypen ermöglichen eine Batterieladung mit verschiedenen „Kennlinien“. Im Abschnitt über die Batterien sind diese Kennlinien ausführlich besprochen. Sie sollen den Generator vor Überlastung und die Batterie vor Überladung schützen. Am geeignetsten ist die Reglerausführung mit Knickkennlinie. Bei ihr bleibt die Spannung

konstant, wird aber steil heruntergeregelt, sobald der höchstzulässige Generatorstrom erreicht ist. Dies wird erreicht durch einen Regler, der sowohl einen Spannungs- wie einen Stromregler enthält.
Die Ladeanzeigelampe ist bei Gleichstromgeneratoren anders geschaltet als bei Drehstrom. Sie liegt zwischen einem Pol des mit dem anderen Pol an B+ liegenden Zünd- bzw. Fahrtschalters und der Klemme 61 am Regler. Sie zeigt die Spannungsdifferenz zwischen Batterie und Generatorausgang an. Je schneller der Generator dreht, desto höher ist seine Spannung: die Lampe wird dunkler und erlischt, wenn beide Spannungen gleich sind, denn dann schaltet der Reglerkontakt den Generatorausgang D+ an B+.

Welcher Generator ist richtig?

Für Langfahrten oder sogar Weltumsegelungen sollte man zwei Generatoren mitführen. Der Reservegenerator kann durchaus ein Gleichstromdynamo sein, den man billig bei Autoausschlachtern bekommen kann. Natürlich sorge man vor Antritt der Reise dafür, daß beide Maschinen auf den gleichen Halterungssattel passen. Meist läßt sich das mit wenigen Mitteln einrichten. Auch muß natürlich ein gegebenenfalls längerer oder kürzerer Keilriemen für die Reservemaschine an Bord sein.
Im praktischen Bordbetrieb wird sich manchmal herausstellen, daß die Leistung der Lichtmaschine nicht ausreicht, weil man im Laufe der Zeit immer mehr hübsche elektrische Einrichtungen gekauft und angeschlossen hat. Der Stromverbrauch ist dadurch immer höher geworden. Man muß also eine größere Batterie einbauen und dementsprechend braucht man eine höhere Lichtmaschinenleistung. Das bedeutet in der Praxis, daß man anstelle der alten Lichtmaschine eine größere nehmen muß. Man kann allerdings auch eine zweite, zusätzliche Lichtmaschine einbauen, doch das ist etwas komplizierter.
Zur Berechnung der notwendigen Nennleistung einer Lichtmaschine muß man den Verbrauch aller wichtigen Anlagen des Bordnetzes an *elektrischer Arbeit* (Watt x Betriebsstunden = Wh) kennen, und zwar unter der ungünstigsten Dauerbedingung des Betriebes, z. B. Nacht mit

Regen und grober See: Positionslichter, Scheibenwischer, Kompaß- und Instrumentenbeleuchtung und die elektrische Lenzpumpe sind dauernd angeschaltet. Man macht dazu eine Wattinventur, der ein eigener Abschnitt gewidmet ist.
Je nach der notwendigen Ladestromstärke, den Drehzahlen usw. wählt man dann entweder eine Gleichstrommaschine oder eine Wechselstrom-Lichtmaschine aus; am besten gleich letztere für die fernere Zukunft mit mehr Elektro-Komfort – er kommt bestimmt! Die von der Maschine geforderten Drehzahlen müssen dann mit den Motordrehzahlen in Übereinstimmung gebracht werden (z. B. 2 : 1), Generator und Regelschalter werden installiert und die Querschnitte der Kabel zur Batterie und zum Startermotor werden errechnet.
Die Drehzahl muß mit der Tourenzahl der bisherigen Lichtmaschine übereinstimmen. Ist das nicht der Fall, muß die Übersetzung durch entsprechend größere oder kleinere Riemenscheiben geändert werden.
Die Fahrgewohnheiten sind bei diesen Überlegungen so wichtig, weil der eine tagelang segelt, ohne den Motor anzustellen, der andere liebt es, nach „Fahrplan" zu fahren und nimmt dabei den Motor häufiger zur Hilfe. Der Motorskipper fährt buten oder binnen, mit oder ohne Fahrlimit, lange Törns oder „kurz mal vor die Mole".

Die Typenbezeichnungen von Generatoren

Drehstromgeneratoren:

Eine Typenaufschrift K 1 (→ R) 14V 35A 20 auf einem Bosch Drehstromgenerator bedeutet: K bezeichnet den Außendurchmesser. Es handelt sich um den zweitkleinsten Typ mit 120–139 mm Außendurchmesser. Noch kleiner wäre G, größer T. 1 bedeutet Klauenpol-Generator (2 Einzelpol-, 3 Leitstück-, 4 Klauenpol mit Erregermaschine). In Klammern findet sich die Drehrichtung, hier rechts, gesehen auf der Antriebsseite, also im Uhrzeigersinn, entweder als Pfeil oder R, L oder RL). 14 V ist die Generatorspannung. Sie ist höher als die Nennspannung, die der normalen Batteriespannung entspricht. 35 A ist der Maximalstrom in Ampere. 20 steht für die Drehzahl (U/min) in Hundert bei $^2/_3$ Maximalstrom.

Gleichstromgeneratoren:

Eine Typenaufschrift G L M (→) 14V 16A 20 bedeutet (Bosch): G ist die Größe (Durchmesser 100–109 mm). Kleiner sind E, größer J, K, Q usw. L bedeutet Lüfter eingebaut, W = wasserdicht. M heißt nahentstört. In Klammern steht die Drehrichtung oder auch R bzw. L. 14 V ist die Generatorspannung, dahinter der Maximalstrom. 20 ist die Drehzahl bei $^{2}/_{3}$ Maximalstrom.

Störungen bei Generatoren

Vor allem der Fahrtensegler sollte soviel über Lichtmaschinen wissen, daß er Störungen wenn schon nicht beheben, so doch erkennen kann. Das ist wichtig vor allem für Drehstromgeneratoren. Kraftfahrzeugelektriker in südlichen Ländern kennen manchmal Drehstromgeneratoren nur oberflächlich und können mehr kaputt machen als reparieren, wenn man sie unbeaufsichtigt wurschteln läßt.

Störungen bei Drehstromgeneratoren:

Ursache:	*Abhilfe:*
Ungenügende Ladung	
Defekter Ladestromkreis Schadhafte Batterie Schadhafter Generator oder Regler Lockerer Keilriemen	Stromkreise, Batterie, Keilriemen überprüfen. Sodann mit Voltmeter Spannung an B+ und D+ messen. Bei gleicher Drehzahl darf die Spannung um nicht mehr als etwa 0,5 V differieren.
Ladeanzeigelampe brennt nicht	
Lampe durchgebrannt Batterie entladen Regler schadhaft Kurzschluß einer Plusdiode im Generator Kohlen abgenutzt	Lampe auswechseln. Prüfen, ob Generator Spannung erzeugt, wenn D+ und DF überbrückt werden.

Ladeanzeigelampe brennt ständig

D+/61 hat Masseschluß Regler defekt Leitungsschluß Gleichrichter schadhaft	Soweit mit Bordmitteln überhaupt möglich.

Ladeanzeigelampe brennt bei stehendem Motor, glimmt aber weiter und geht nicht aus, wenn der Motor läuft

Übergangswiderstand im Ladestromkreis	Übergangswiderstand beseitigen,
Reglerschaden	Regler überbrücken wie oben.
Generatorschaden	Generator in Werkstatt.

Einige Störungen bei Gleichstrommaschinen:

Ursache:	*Abhilfe:*
Ungenügende Ladung	
Bürsten verölt, abgenutzt oder gebrochen	Bürsten auswechseln.
Kollektor verölt oder verschmutzt	Mit Spezialschmirgelpapier reinigen.
Kollektor abgenutzt	Werkstatt.
Keilriemen zu locker	Keilriemen nachspannen.
Regler defekt	D+ und DF bei abgebautem Regler kurzschließen. (Nur Provisorium für überwachte Aufladung!)
Ladeanzeigelampe brennt nicht	
Anzeigelampe durchgebrannt	Lampe auswechseln.
Leitung 61 (D+), 30 (B+) oder 31 (B–) locker	Anschlüsse nachziehen.
Batterie entladen oder schadhaft	Außerhalb aufladen und prüfen.

Ladeanzeigelampe erlischt bei höherer Drehzahl nicht

Leitung 61 hat Masseschluß	Schluß beseitigen.
Regler schadhaft	Wie oben.
Generator schadhaft	Prüfung durch Messung der Spannung zwischen D+ und D–, gegebenenfalls Werkstatt.

Stromerzeugung an Bord mit anderen Mitteln

Unter den Möglichkeiten, an Bord Strom zum Aufladen der Batterie zu erzeugen, steht an erster Stelle die Ladung mit einem Generator mit eigenem kleinen Verbrennungsmotor, einem sogenannten Aggregat („zusammengesetzte Maschine"). Solche Geräte bietet der Handel in äußerst kompakter Bauweise mit Zweitakt- oder besser, da weniger laut, Viertaktmotoren an. In zweiter Linie kommen in Frage Stromerzeuger, die ihre Energie von der angeströmten Schraube beziehen (Wellengenerator), dem Wind oder der Sonne.

Aggregate

Leere Batterien und die dadurch bedingte Unmöglichkeit, den Fahrmotor zu starten, haben schon oft zum Totalverlust einer Yacht geführt. Gerade auf Segelyachten, deren Eigner die Maschine möglichst wenig benutzen möchten, ist die Gefahr am größten, weil es nicht ganz einfach ist, den Ladezustand der Batterie einwandfrei zu erkennen. (Ein Hilfsgerät dazu wird auf Seite 41 gezeigt.) Wenn nach langer Fahrt, bei der vielleicht die Positionslampen mehrere Nächte lang brennen mußten, die Beleuchtung auf einmal anfängt, dunkler zu werden, dann ist es meist zu spät. Die Restladung reicht dann nicht mehr aus, um den Startermotor durchzudrehen.

Viele Yachten haben daher eine von der Hauptmaschine getrennte Stromerzeugungsanlage an Bord, ein sogenanntes *Hilfsaggregat,* auch „Jockel" genannt. Bei größeren Yachten gehört eine solche Anlage sogar zur normalen Ausrüstung, denn es wäre ziemlich unsinnig, nur zum Nachladen der Batterie einen Haufen PS in Gang zu setzen, nicht so sehr wegen des Verbrauchs der Hauptmaschine, sondern weil jede Laufstunde den Motor abnutzt und Geld kostet.

Hilfsaggregate sind auch unerläßlich für Yachten, die an langen Seeregatten teilnehmen, denn dabei wird der Hauptmotor verplombt und der notwendige Strom für den Bordbetrieb kann nur mit dem „Jockel" erzeugt werden.
Hilfsaggregate sind kleine Einheiten aus einem Verbrennungsmotor und einem Stromgenerator. Es gibt zahlreiche Fabrikate, sowohl stationärer Anlagen, die im Maschinenraum neben der Hauptmaschine fest eingebaut und entweder von Hand oder mit einer eigenen Starterbatterie elektrisch gestartet werden, wie auch tragbare Geräte, die beim Betrieb an Deck gestellt werden (hoffentlich aber nicht im Hafen oder auf stiller Reede!).
Bei den modernen Aggregaten ist das Auspuffgeräusch gedämpft, aber leider ist es unmöglich, ein Gerät zu kaufen, das vollkommen geräuschlos arbeitet. Es mag daran liegen, daß man „den eigenen Hund nicht hört", wenn immer wieder Yachteigner auf einer stillen Reede oder im Hafen ungerührt den Jockel anstellen. Mit Recht wird gegen diese barbarische Unsitte Sturm gelaufen, aber alle Appelle an Verständnis prallen am dicken Fell mancher Leute ab. Trotzdem soll auch an dieser Stelle die Bitte eingeschaltet werden, auf die Nerven anderer Segler und den Frieden in der Natur Rücksicht zu nehmen. Es sollte nur dann geladen werden, wenn wirklich niemand gestört werden kann.
Beim Anschluß eines Ladegeräts genügt es, Plus und Minus an die Batterieausgänge anzuklemmen, z. B. mit den dafür käuflichen Zangenklemmen. Die Batterieleitung zur Lichtmaschine braucht nicht abgeklemmt zu werden, da der Rückstromschalter ja den Stromfluß unterbricht, wenn die Lichtmaschine sich nicht dreht. Einfacher ist es, sich an der Schalttafel oder an sonst geeigneter Stelle eigene Ladeklemmen anzubringen.
Mit Sicherheit stellt sich die Frage, wie lange mit einem Aggregat nachgeladen werden muß. Man rechnet nach der Formel:

$$\text{Ladezeit} = \frac{\text{Verbrauch in Ah}}{\text{Ladestrom x Wirkungsgrad}}$$

Bei einem Verbrauch von 60 Ah und 10 A Ladestrom bei 90 % Wirkungsgrad ergibt sich eine Ladezeit von 6—7 Stunden.

Propellergenerator

Seit einiger Zeit sind Außenbordpropellergeneratoren auf dem Markt, die an Stelle eines Außenborders gehaltert werden können und etwa ab 3 kn Fahrt einen Ladestrom abgeben, der anfänglich bei etwa 1–2 A liegt und bei 5 kn Fahrt auf 7 A ansteigt. Das Gerät reicht also aus, um den Bedarf der Positionslampen bei Nachtfahrt zu decken, aber auch kaum mehr.

Wellengenerator

Läuft beim Segeln der Propeller frei mit, so kann die freigesetzte Energie zum Laden der Batterie Verwendung finden. Allerdings ist das nur auf größeren Yachten möglich, da der schlechte Wirkungsgrad des Propellers, der Mitstrom, die Reibungsverluste und der Wirkungsgrad des Generators keine große Leistung zulassen. Immerhin kann ein kleiner Drehstromgenerator, der über einen Keilriemen mit einer Übersetzung von 1 : 6 mit der Welle verbunden ist, etwa 5 A Dauerladestrom abgeben. Voraussetzung ist, daß Getriebe und Motorschmierung getrennt sind.
Es gibt Drehstromgeneratoren, die für den hier geschilderten Zweck geeigneter sind als die normalen Generatoren für Pkws. Lastwagenmaschinen haben z. B. mehr Polpaare.
Eine solche Anlage ist denkbar zur Aufladung der Bordnetzbatterie, so daß sich Starterbatterie und Bordnetz trennen lassen. Es kann aber auch die Drehstrommaschine an der Welle mit der am Motor parallel geschaltet werden. Durch die Gleichrichterdioden erfolgt kein Ausgleich.

Windkraftgenerator

Die sperrigen und an Bord nicht einfach anzubringenden Windkraftgeneratoren taugen allenfalls zur Erhaltungsladung.

Solarzellen

Der Gedanke, aus der Sonnenenergie Ladestrom zu erzeugen, ist bestechend. Die Praxis hat gezeigt, daß die Leistung einer 40x50 cm gro-

ßen Platte nur 0.6 A beträgt, eine Leistung, die in keinem Verhältnis zum (derzeitigen) Preis steht. Brauchbar allenfalls zur Erhaltungsladung bei längerer Abwesenheit.
Eine Verwechslung der Polarität muß unter allen Umständen vermieden werden, wenn ein Drehstromgenerator eingebaut wurde. Es besteht aber die Möglichkeit, eine im Handel erhältliche Polaritätsschutzdiode hinter der Plusklemme anzubringen.

Wechselstrom an Bord

Bei der Erörterung der Lichtmaschinen haben wir bereits gesehen, daß es *Wechselstromgeneratoren* gibt, deren Strom in Gleichstrom umgewandelt wird, um ihn zur Batterieladung benutzen zu können. Umgekehrt können wir aber auch Gleichstrom in Wechselstrom umwandeln. Die dazu verwendeten Geräte heißen Wechselrichter oder Inverter.
Man könnte sich fragen, wozu auf einem Boot Wechselstrom gebraucht wird. Nun, alle Haushaltsgeräte unseres Wohnkomforts an Land benötigen Wechselstrom: Fernsehgeräte, Plattenspieler, Tonbandgeräte, Rasierapparate, Neonbeleuchtung, elektrische Kühlschränke vom Kompressortyp. Aber auch manche Geräte, die für den Betrieb auf Schiffen gebaut werden, wie Radar, Loran u. a. brauchen Wechselstrom. Jedes größere Motorschiff verfügt heute über ein Wechselstromnetz.
Zunächst gibt es die kleinen Aggregate, die wir gerade erwähnt haben. Das Honda-Aggregat liefert z. B. 220 V Wechselstrom. Daneben gibt es sogenannte *Drehumformer,* die auf der einen Seite einen Gleichstrommotor, auf der anderen einen Wechselstromgenerator besitzen. Leider ist ihr Wirkungsgrad schlecht. Die übliche Bordspannung von 12 Volt bringt es mit sich, daß alle damit betriebenen Motoren einen Wirkungsgrad von wenig über 50 % haben, die Hälfte aller in sie hineingesteckten Energie geht also verloren. Dazu kommt der mäßige Wirkungsgrad der Generatoren, die bekanntlich auch nicht alle mechanische Energie in elektrische Energie umwandeln, sondern einen Teil als Wärme nutzlos verbrauchen. Sie liefern vor allem aber keine konstante Frequenz, die für die meisten unserer Geräte, wie Plattenspieler usw. notwendig ist. Die 50-Hz-Frequenz muß bei ihnen von Hand nachreguliert werden. Diesen Nachteil haben die mit Zerhackern betriebenen *Wechselrichter*

nicht. Ihr Prinzip ist einfach: ein *Zerhacker* polt den Gleichstrom durch sehr schnell hin- und herschwingende Kontaktfedern ständig um und erzeugt dadurch einen Wechselstrom von eckiger Wellengestalt.

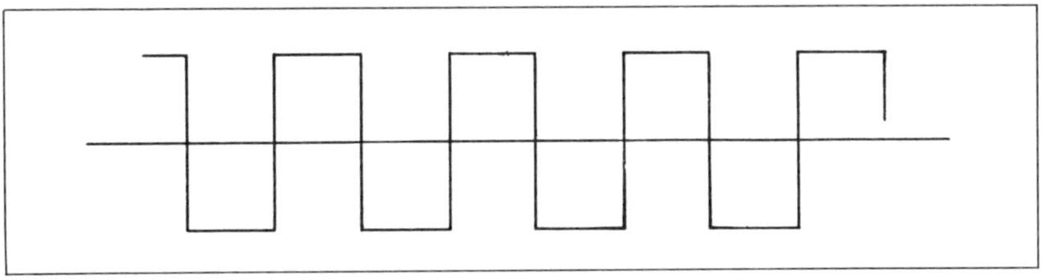

Abb. 6 Eckige Form von Wechselstrom

Dieser Wechselstrom wird in einem Transformator auf 110 oder 220 Volt hinauftransformiert.
Zerhacker-Wechselrichter sind in ihrer Leistung begrenzt, sie liefern bei Speisung mit 12 Volt Gleichstrom kaum mehr als 250 Watt, auch ist ihre Lebensdauer begrenzt, weil die Zerhackerkontakte sich abnutzen. Vor allem muß man darauf achten, daß die richtigen Phasenschieber-Kondensatoren vorhanden sind, da die Zerhacker sonst sehr schnell zerstört werden.
Heute setzen sich immer mehr die Inverter durch, die keinen Zerhacker mehr haben, sondern Halbleiter-Stromventile. Man baut sie auch mit eigenen Hilfsschwingkreisen, so daß sie außerordenlich frequenzstabil sind, unabhängig von den Schwankungen der Batteriespannung. Aber ihre Leistung ist begrenzt, sie liegt bei etwa 300 W. Kleine Wechselrichter, die zum Betrieb von Elektrorasierern gebraucht werden, liefern nur etwa 10 W, sie dürfen nicht überlastet werden, da sie sich sonst überhitzen.

Landstrom an Bord

Viele Probleme können auf elegante Weise gelöst werden, wenn die Yacht an das Landnetz angeschlossen wird: Strom an Bord zum Heizen, zur Beleuchtung bei der Arbeit, zum Antrieb von Werkzeugmaschinen, wie Bohrmaschine und Kreissäge, schließlich zum Laden der Batterie.

Besonders hierfür ist Landstrom von Nutzen, denn er ist erstens sehr viel billiger als das sonst zur Energieerzeugung notwendige Benzin oder Dieselöl, vor allem aber wird den Nachbarn der Lärm erspart, der beim Batterieladen im Hafen oder auf Reede entsteht. Leider gibt es noch nicht in allen Häfen, auch nicht in den Stützpunkten der Kreuzerabteilung, Landanschlüsse für Strom. Eine rühmliche Ausnahme machen z. B. die Yachthäfen in Griechenland, der Yachthafen in Porto Cervo in Sardinien und einige Marinas für Dauerlieger.

Eine warnende Vorbemerkung ist hierbei aber unerläßlich. Jede hohe Spannung, auch 220 Volt, in Nähe einer gut leitenden „Erde“ bedingt Lebensgefahr. Mit 220 Volt an Bord ist also nicht zu spaßen, denn ein Schiff ist von Wasser umgeben und dieses Wasser ist eine „Erde“, wie sie besser nicht möglich ist.

Eine Reihe tödlicher Unfälle hat auch noch in letzter Zeit deutlich gemacht, wie berechtigt diese Warnung ist. Leider will aber ein Teil der Wassersportler davon einfach keine Kenntnis nehmen und vertraut auf die Erfahrung im Haushalt, wo der unbeschwerte Umgang mit Elektrogeräten zum Alltag gehört. Es wird weiter unten noch eingehend auf die Sicherheit hingewiesen, die moderne FI-Schutzschalter bieten, weil sie in Millisekunden (1 Millisekunde = 1/1000 Sek.) fehlerhafte Ströme, etwa aus schadhaften Leitungen, abschalten. Im Ausland muß man besonders mißtrauisch sein, weil die in Europa vorgeschriebene Erdung eines Nulleiters häufig nicht erfolgt oder unterbrochen ist.

Eine Folge der Starkstromunfälle nicht nur bei Yachten, sondern auch auf Campingplätzen, wo die Verhältnisse ähnlich sind, ist die in letzter Zeit erfolgte Harmonisierung der internationalen Gesetzgebung auf diesem Gebiet. Einen besonderen Hinweis verdient die VDE-Bestimmung, nach der nur Fachleute elektrische Anlagen errichten dürfen. Das könnte im Falle eines Unfalls schwere versicherungstechnische Folgen haben. Hiergegen kann man sich schützen, wenn man eine im Selbstbau erstellte Anlage von einem zugelassenen Installateur überprüfen läßt.

Der Gedanke, bei längeren Hafenliegezeiten die Bordbatterie zu entlasten und billigen Landstrom zu benutzen, um Geräte wie Heizöfchen, Fernsehempfänger und Kühlschränke anzuschließen, ist bestechend. Die Durchführung bedingt allerdings ein dem Laien normalerweise nicht gegenwärtiges Wissen um die Elektrizität, um das Schiff und die Besatzung nicht zu gefährden. Diese Gefährdung besteht einmal in der

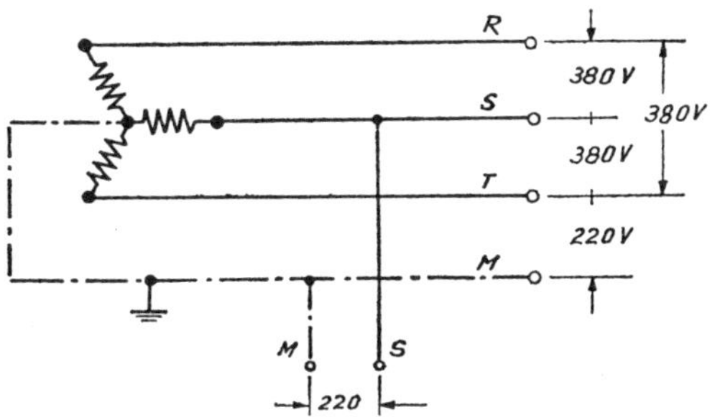

Abb. 7 Sternschaltung Drehstrom

Lebensgefahr, die Strom mit sich bringt, der durch den Körper zur Erde fließen kann, und zum anderen in der Korrosion durch elektrolytische Zersetzung.

Um uns mit den Problemen des Landstroms auseinandersetzen zu können, müssen wir uns zunächst einmal ansehen, wie Landstrom überhaupt verteilt wird. Das zeigt Abb. 7. Strom wird heute in der ganzen Welt fast nur noch als *Drehstrom* erzeugt; das sternförmige Spiralgebilde links kann ein Drehstromgenerator sein oder auch die Sekundärspule im Transformator der Überlandzentrale. Von den Außenpunkten des Sterns gehen drei Leiter, R, S, T ab, zwischen denen (in Deutschland) jeweils eine Spannung von 380 V herrscht. Über diese drei Leiter beziehen wir den Strom für Elektroherde, Warmwasserboiler und Werkzeugmaschinen. Vom Mittelpunkt des Sterns geht ein vierter Leiter ab (M), der Mittelpunktsleiter oder auch Nulleiter genannt wird und auch mit Mp bezeichnet wird. Zwischen ihm und jedem der drei Außenleiter („Phasen") herrscht eine Spannung von 220 V. In der Zeichnung ist dieser „einphasige" Wechselstrom von 220 V bei S abgenommen und mit M an eine Steckdose geführt, hier entnehmen wir den uns gewohnten Haushaltsstrom z. B. für eine Stehlampe.

In der Abbildung ist der Mittelpunktleiter geerdet. Das ist das in Deutschland meist übliche Verfahren. In anderen Ländern gibt es niedriger gespannte Netze (110/190 oder 115/200 oder 120/210).

Jeder weiß, daß Haushaltsstrom über dreiadrige Kabel und die soge-

nannten *Schukostecker* abgezapft wird. Diese drei Adern haben nichts mit den drei Phasen des Drehstroms zu tun. Sie führen vielmehr die eine Wechselstromphase (dieser Leiter läßt beim Berühren mit einem Spannungsprüfer das Glimmlämpchen aufleuchten, er ist meist in festverlegten Leitungen schwarz, in beweglichen Kabeln braun. Der Nulleiter ist blau, der Schutzleiter immer gelb-grün; diese Farbkombination ist ausschließlich für den Schutzleiter reserviert. Der Schutzleiter liegt an den blanken Erdfedern einer Schuko-Steckdose. Fehlt ein eigener Schutzleiter, wird der Nulleiter damit verbunden.
In anderen Ländern ist der Aufbau der Stecker anders – es können z. B. zwei runde und ein flacher Stift sein – aber das Prinzip ist immer gleich: Bei einem Kurzschluß im Gerät soll der Strom über das Gehäuse und die Erdleitung fließen und über die Erde zum ebenfalls geerdeten Nulleiter des Netzes. Das ist dann ein Kurzschluß, bei dem die Sicherung herausfliegt.
In zunehmendem Maße werden heute vorhandene Stege und Hafenanlagen mit Landstrom-Zapfstellen ausgerüstet. Eine solche Anlage wird im Anhang vorgestellt. Sie kommt für Segelclubs in Frage.
Energie aus dem Netz ist preiswerter und umweltfreundlicher als Eigenerzeugung mit dem Bordgenerator. Das ständig notwendige Nachladen der Bordbatterie ist am einfachsten mit einem Batterieladegerät. Man kann ein solches Gerät über eine Zeitschaltuhr anschließen oder man kann Ladegeräte verwenden, die sich selbst regeln, die also immer nur die Selbstentladung der Batterie beim Stehen ausgleichen. Darüber hinaus kann man mit Landstrom den Aufenthalt im Hafen angenehmer gestalten, denn mit ihm lassen sich Heizungen, Kochgeräte, Eisschränke, Radio- und Fernsehgeräte betreiben.
Elektrische Anlagen an Bord müssen unbedingt fest verlegt sein und den VDE-Vorschriften entsprechen. Sie müssen von Fachelektrikern angelegt und abgenommen werden.
Dies hat einen Grund. Elektrischer Strom mit Haushaltsspannung (220 V) ist schon bei ganz kurzfristiger Einwirkung auf den Körper gefährdend. Man weiß, daß schon bei nur 80 mA während der Berührung Herzflimmern und damit der Tod eintreten können.
Wie jeder weiß, hängt die Stärke eines „Stromschlages" von dem Widerstand ab, den der Körper bietet. Nasse Hände, feuchter Boden setzen den Widerstand herab. Bei normalen Bedingungen im Haus beträgt der

Gesamtwiderstand (Übergangswiderstände und Eigenwiderstand des Körpers) 1300 Ohm. An Bord, wo es feucht ist, ist er mit Sicherheit geringer!
Die Medizin hat einen Strom von 50 mA als bereits bedenklich ermittelt. Im trockenen Haus wären also nach dem Ohmschen Gesetz nur Spannungen von maximal 65 Volt unbedenklich. An Bord ist aber schon diese Spannung zu hoch!
Der Gesetzgeber hat daher auf Baustellen und in der Landwirtschaft Höchstspannungen von 24 V festgesetzt, weil jede höhere Spannung bereits gesundheitsgefährdend sein kann.
Man wird vielleicht einwenden, daß durch die Erdung dem Stecker bereits ein Schutz gegeben sei. Dies ist leider nicht der Fall, weil trotz dieser Schutzmaßnahmen die Einwirkdauer bei ungünstigen Bordverhältnissen zu hoch ist.
Die einzige wirksame Schutzmaßnahme ist die sogenannte FI-Schutzschaltung, die mit „Fehlerstrom" arbeitet. Das Prinzip ist folgendes: Alle spannungsführenden Leiter werden durch das Innere eines ringförmigen Eisenkerns geführt. Der Strom jedes Leiters erzeugt in dem Eisenkern ein magnetisches Feld. Weil die Summe der hin- und zurückfließenden Ströme in jedem Augenblick gleich Null ist (laut Kirchhoffsches Gesetz), heben sich die Magnetfelder der durch den Ringkern geführten Leiter auf. Beginnt durch einen Fehler ein Fehlerstrom über einen Menschen zur Erde zu fließen, wird das Stromgleichgewicht der durch den Ringkern geführten Leitung um den Betrag des über die Erde abgeflossenen Stromes in dem mit Erdschluß behafteten Leiter vermindert und das Stromgleichgewicht gestört. Es wird dadurch in der Ringkernspule eine Spannung induziert, die ihrerseits einen Strom durch die Spule eines Auslösers treibt. Dieser wirkt wie ein Relais und schaltet sofort alle Pole ab.
Die maximal zulässige Fehlerspannung von 24 V bedingt einen FI-Schalter mit einem Fehlerauslösestrom von 30 mA mit einem maximalen Erdungswiderstand von 800 Ohm.
Dies bedeutet, daß alle Landstromanlagen an Bord eines Schiffes ganz besonders gut ausgeführt sein müssen. Nur wer über wirkliche Fachkenntnisse verfügt, darf eine solche Installation selbst ausführen. Diese muß aber anschließend von einem zugelassenen Installateur abgenommen werden!

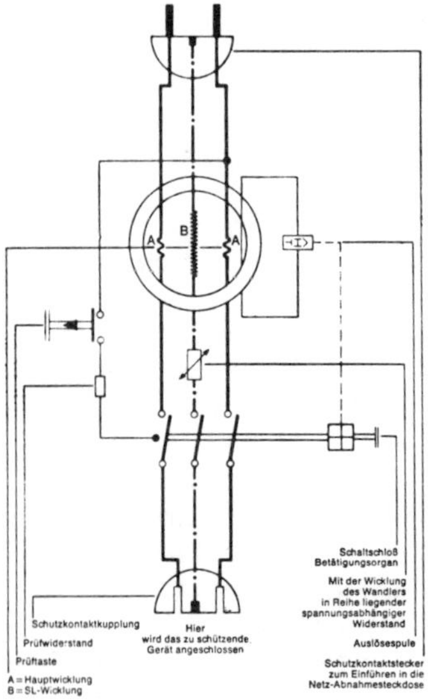

Abb. 8 Das Schaltbild des STECK-MAT-Schutzschalters zeigt auch einem Laien den Aufwand an Bauelementen. Der Fachmann erkennt den spannungsabhängigen Widerstand, der die 5-mA-Auslösung bewirkt. Dieses Bauteil ist in normalen FI-Schaltern nicht vorhanden. Der STECKMAT kann damit als empfindlicher Indikator für niedrige Kriechströme benutzt werden; eine preiswerte Maßnahme, die man auf Metallyachten anwenden sollte.

Jedenfalls kann man mit FI-Schaltern und dazu gehörigen Sicherungsautomaten, sowie ggf. Vorrangschaltern, wenn es sein muß sogar einen 3-Platten-Elektroherd, einen Durchlauferhitzer und noch einiges an Geräten an Bord anschließen.

Es gibt inzwischen (seit dem Erscheinen der 1. Auflage dieses Buches) sogar fertige Anschlußverteiler, auch solche mit Spannungsmessern, die man im Ausland braucht, wo oft andere Spannungen im Netz vorhanden sind. In diesen Fällen wird ein Transformator verwendet, der z. B. von 127 oder 110 V auf 220 V transformiert. Solche Transformatoren müssen getrennte Wicklungen haben und besonders gut isoliert sein. Man darf also keine sogenannten „Spartrafos“ verwenden.

Die Trennung der Stromkreise ist nicht nur wichtig, weil an Bord jede galvanische Verbindung der 220 Volt führenden Pole mit Teilen des Bordnetzes Lebensgefahr bedeutet, sondern auch, weil die Gefahr be-

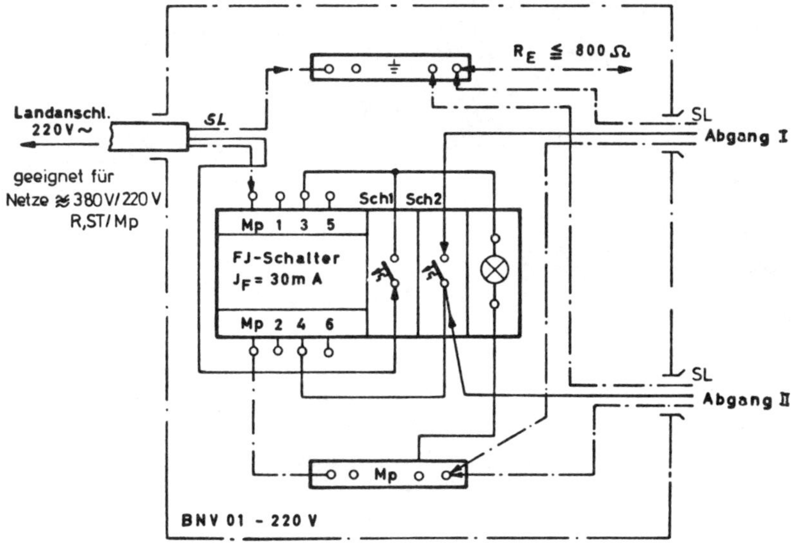

Anschluß-Leistung	Anschluß-Leitung	Sch 1 A	Sch 2 A	Bemerkg.
1x4,4 oder 1x3,5 kW	II		20; 16	
1x 1,3 kW	I	25	6	Steckdosen
+ 1x 3,5 kW	II	1)	–	Steckdosen Heizgeräte

1) Sch 1 mit 16 A belastbar wenn Ltg. 1 6 Amp. führt

Installationshinweise

Abb. 9 Anschlußverteiler für Landstromeinspeisung, Schaltplan

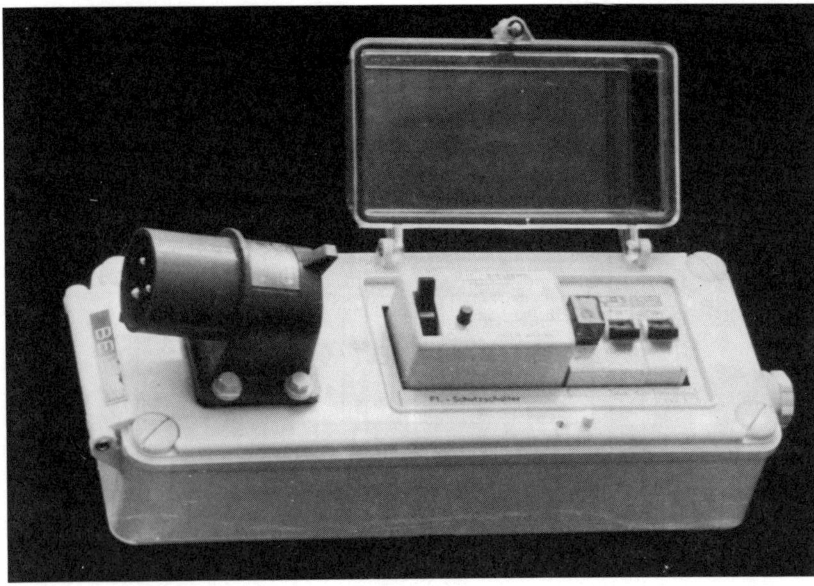

Abb. 10 Anschlußkasten für Landstrom nach VDE mit Zusatzbestimmungen des Germanischen Lloyd, spritzwassergeschützt. Man beachte den eingebauten FI-Schutzschalter. Die CEE-Steckvorrichtung ist erforderlich, um die Anlage international zulässig zu machen (in Deutschland erlaubt ist außerdem Schuko).

steht, daß sich Stromkreise entwickeln, die zu einer schnellen *Korrosion* der Unterwasserteile des Schiffes führen. Ein solcher Fall trat vor einigen Jahren in einem Hafen an der amerikanischen Südküste ein. Hier ging eine im Hafen vertäute Stahlyacht plötzlich unter, weil sich ein Leck in der Außenhaut gebildet hatte. Es wurde festgestellt, daß ein Starkstromkabel mit schadhafter Isolierung unter dem Liegeplatz quer über den Hafen führte. Es hatte sich Spannungsgefälle entwickelt, bei denen das Eisen der Außenhaut gelöst wurde. Darüber noch mehr im Abschnitt über „Korrosion".

Anschlußverteiler sind nicht etwa nur für große Yachten da. Es gibt bereits welche für ganz kleine Fahrzeuge, die nur eine oder zwei Steck-

dosen brauchen. Bei solchen Verteilern kann sogar die feste Verlegung von Leitungen entfallen, es genügt, wenn das Kabel für den Landanschluß fest am Verteiler installiert ist. Eine solche Anlage genügt für die Yachtbesitzer, die nur die Bordbatterie laden wollen. Ist dabei der Steganschluß nicht mit einem FI-Schalter geschützt, so kann man neuerdings auch einsteckbare Fehlerstromschutzschalter für Schukodosen mit 16 A-Nennstrom kaufen.
Dieser Schalter kann an Land oder wassergeschützt an Bord eingesteckt sein. Ein solcher FI-Schalter ist unter der Handelsbezeichnung „Steckmat" im Fachhandel erhältlich.
Ganz besonders wertvoll ist der Steckmat bei Benutzung von Elektrowerkzeugen, denn gerade hierbei wurden in letzter Zeit eine Anzahl von Todesfällen durch Stromeinwirkung registriert. Selbst die gepflegteste Bohrmaschine kann aus irgendeinem Grunde einen elektrischen Defekt bekommen, ein Kabel kann sich an einer scharfen Kante aufscheuern. Wer dann gerade auf womöglich eisernem Deck, schweißüberströmt und angestrengt arbeitet, ist mehr als nur auf das schwerste gefährdet. Ein Steckmat ist also hier eine unentbehrliche Lebensversicherung.
FI-Schalter schützen Stahlboote gegen mögliche Korrosionsschäden bei Isolationsfehlern und sind auch aus diesem Grunde unentbehrlich.

Stromspeicher

Jeder Autofahrer kennt die Autobatterie seines Wagens. Er weiß, daß sie der Pflege bedarf, manchmal, besonders im Winter, ihre Mucken hat und ärgerlicherweise von Zeit zu Zeit durch eine neue Batterie ersetzt werden muß, weil der Motor plötzlich nicht mehr richtig anspringen will. Aber damit ist seine durchschnittliche Kenntnis auch meist erschöpft. Der Besitzer einer Yacht sollte indessen etwas mehr über Batterien wissen, weil sie ein so überaus wichtiger Teil seiner Ausrüstung sind. Eine Batterie, die im entscheidenden Augenblick leer ist, kann leicht zur Ursache für den Verlust des ganzen Schiffes werden. Oft genug hat eine Besatzung verzweifelt versucht, den Motor in Gang zu setzen, wenn das Schiff mit Segeln allein nicht von einer Leeküste frei zu segeln war, oder wenn der Anker ins Treiben kam. Wir möchten jedem die Agonie ersparen, die im unaufhaltsamen Näherkommen der drohenden Klippen liegt, und die Strandung mit allen ihren furchtbaren Folgen, die mit einem funktionierenden Motor vielleicht doch noch abwendbar gewesen wäre.

Obwohl es neben den verbreiteten *Blei-Akkumulatoren* noch andere Stromspeicher gibt, z. B. die *Nickel-Eisen* und *Nickel-Cadmium-Sammler,* wollen wir uns hier auf den Blei-Akku beschränken. Wir hatten schon gesehen, daß die Lichtmaschine des Motors dafür sorgt, daß die Batterie mit der richtigen Spannung und Stromstärke aufgeladen wird, d. h., daß ihr elektrische Energie zugeführt wird, die sie speichert (accumulare = ansammeln) und nach Bedarf wieder abgeben kann. Es würde zu weit führen, hier im einzelnen zu erklären, wie der Mechanismus dieses Vorgangs verläuft, es genügt zu sagen, daß der elektrische Strom bewirkt, daß sich zwischen den Bleiplatten der Batterie und der zwischen ihnen befindlichen Schwefelsäure chemische Umsetzungen abspielen. An den Plusplatten bildet sich dabei Bleidioxyd, an den Minusplatten Blei. Beim Entladen wandeln sich das Bleidioxyd und das Blei in Bleisulfat um. Entsprechend verändert sich die Batteriesäure: beim Laden wird sie konzentrierter, beim Entladen säureärmer, weil sie durch das entstehende Wasser verdünnt wird. Da die Platten nach der

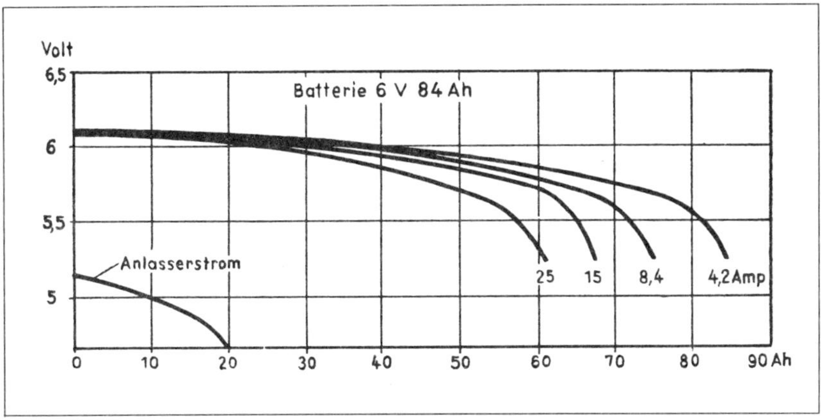

Abb. 11 Einfluß der Entladestromstärke auf die Kapazität einer Batterie. Die Graphik macht deutlich, daß die Batteriekapazität nur bei ganz geringen Entladestromstärken die angegebene Strommenge auch tatsächlich abgibt. Jedes Anlassen mit hohen Entladestromstärken beansprucht die verfügbare Stromreserve weit über den rechnerisch ermittelten Wert.

Ladung – der Polarisation – ein galvanisches Element bilden, herrscht zwischen ihnen eine elektrische Spannung, die in der Lage ist, einen Strom fließen zu lassen. Die Spannung beträgt für jedes Plattenpaar, d. h. jede Zelle, bei einer guten Batterie 2,1 Volt. Näheres darüber werden wir noch hören. Käufliche Batterien sind aus mehreren Zellen zusammengesetzt und daher in der Lage, Spannungen von z. B. 6, 12 oder 24 Volt zu liefern. Diese Spannung muß mit der Spannung der Lichtmaschine und der für die Stromverbraucher vorgeschriebenen Spannung übereinstimmen, insbesondere der für den Anlassermotor. Wichtiger ist aber eine zweite Angabe für jede Batterie, die *Kapazität,* das Fassungsvermögen an Elektrizität. Die Kapazität wird in *Amperestunden,* abgekürzt Ah, angegeben. Sie ist ein Maß für den in einer bestimmten Zeit daraus entnehmbaren Strom.

Die Kapazität einer Batterie ist nun aber abhängig von mehreren Faktoren, insbesondere von der Stromstärke bei der Entladung. Es ist also nicht gleichgültig, ob man eine Batterie eine Stunde lang mit 100 Ampere oder 100 Stunden mit 1 Ampere entlädt. Die Kapazität ist um so

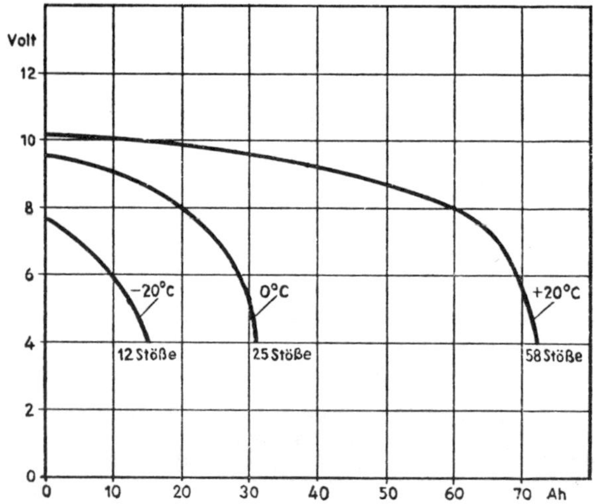

Abb. 12 Einfluß der Temperatur auf stoßweises Entladen einer Batterie. Die Graphik zeigt, daß eine Batterie mit Temperaturen unter Zimmertemperatur weniger Leistung abgibt, bei Gefriertemperatur beträgt die verfügbare Leistung sogar nur einen Bruchteil der normalen Leistung.

geringer, je höher die Stromstärke des entnommenen Stroms ist. Da wir die Batterie vorher mit der jeweils gleichen Strommenge gefüllt haben, bedeutet die Verminderung der Kapazität, daß mit der höheren Stromstärke der Wirkungsgrad abnimmt. Ein zweiter Faktor, der die Kapazität beeinflußt, ist die Temperatur der Säure. Man hat daher Normen geschaffen, und die Angabe einer bestimmten Kapazität bezieht sich auf eine 20stündige Entladung bei 27° C. Diese Norm führt leider zu einer Überschätzung unserer Batterie, denn die Kapazität liegt bei einer 10stündigen Entladung um etwa 12 % tiefer. Weil aber an Bord oft mit niedrigeren Temperaturen gerechnet werden muß, wobei die Kapazität noch einmal abnimmt, einmal ganz abgesehen von Alterserscheinungen, dürfen wir uns nicht allein auf die rechnerisch ermittelten Werte verlassen. An dieser Stelle muß auch erwähnt werden, auch

wenn es den Segler weniger berührt, daß bei sinkender Temperatur die Klemmenspannung der Batterie stark abfällt, die Schwierigkeiten beim Kaltstart sind darauf zum Teil zurückzuführen.
Ein Maß für die Ladung und Entladung einer Batterie ist die Klemmenspannung bei Belastung. Sie steigt bei fortschreitender Ladung bis auf 2.7 Volt und sinkt bei vollständiger Entladung auf 1.75 Volt. Eine 12 V Batterie, die über 20 Stunden mit dem sog. „Nennstrom" entladen wurde, muß noch eine Spannung von 10.5 V aufweisen. Da aber die Spannung unter gleichzeitiger Belastung nur mit Schwierigkeit gemessen werden kann, bestimmt man den Ladezustand einer Batterie durch die *Säuredichte.* Man mißt sie in einem *Säureprüfer.*

Abb. 13 Säureprüfer

Ein Säureprüfer ist ein Heber mit einem darin frei beweglichen Aräometer. Man läßt durch Drücken des Gummiballes die Luft entweichen, steckt das Röhrchen in die Säure und läßt durch Loslassen des Gummiballs soviel Säure einströmen, daß der Schwimmer frei schwebt. Eine Skala zeigt an, welche Säuredichte wir haben. Die Säuredichte soll bei voll geladener Batterie 1,275–1,285 betragen (der etwas niedrigere Wert bedeutet höhere Lebensdauer!), und sie darf bei der Entladung nicht unter 1,143 sinken. Die Batterie ist halb geladen, wenn das Säuregewicht 1,23 beträgt. In den Tropen liegen diese Werte tiefer (voll 1,230, halb 1,180, leer 1,100).
Es versteht sich von selbst, daß die Säuredichte nur stimmen kann, wenn die Batterie richtig gepflegt wurde und wenn nicht gar Säure nachgefüllt wurde. Säure darf nur nachgefüllt werden, wenn die Batterie durch Umfallen Batteriesäure verloren hat, sonst nie! Auch das Nachfüllen von Wasser (entweder destilliertes oder sogenanntes entionisiertes Wasser, kein Leitungswasser!!) darf nur mit Vorsicht geschehen, vor allem dann, wenn der Ladestand genau bekannt ist. In diesem Fall

füllt man zunächst nur vorsichtig soviel Wasser nach, daß die Platten eben bedeckt sind und erst nach abgeschlossener Ladung soviel, daß die Säure an der dafür angebrachten Marke steht (beziehungsweise ca. 10 mm hoch über der Plattenkante).
Wenn die Säuredichte nicht stimmt, so kann das verschiedene Ursachen haben: durch Überladen und das damit verbundene „Gasen" kann ein Teil des Wassers der Batteriesäure zersetzt worden sein, es kann Wasser verdunstet sein, es kann aber auch Schwefelsäure verbraucht worden sein, weil sich das Blei der Platten irreversibel „sulfatiert" hat. Zu den für uns wichtigsten Eigenschaften der Batterie gehört, daß sie auch dann Kapazität verliert, wenn sie gar nicht benutzt wird. Der Verlust kann pro Tag sogar bis zu 2 % erreichen, das heißt, daß nach sechs Wochen Stehen praktisch nichts mehr drin ist. Diese *Selbstentladung* ist um so höher, je wärmer es ist. Yachtbesitzer sollten sich diese Eigenschaft ihrer Bordbatterie merken, sobald ihr Schiff längere Zeit stillliegt, und Vorsorge treffen, entweder durch Aufladung von Land aus in der Zwischenzeit oder durch Anbordnahme eines kleinen Ladeaggregats, wie es im vorstehenden Kapitel beschrieben wurde.
Eine unbeabsichtigte Entladung der Batterie kann auch dadurch eintreten, daß im Bordnetz Stromverluste durch Feuchtigkeit auftreten. Die Batterie sollte bei Stilliegen des Bootes stets vollständig vom Netz getrennt werden. Dazu gibt es Batterieschalter mit Kontaktleistungen bis zu 1000 Ampere.
Verwendbar sind gegebenenfalls auch die für Autobusse entwickelten elektromagnetischen Batterierelais, bei denen man vom Steuerstand aus die Batterie vom Netz trennen oder auch an das Netz und den Anlasser schalten kann. Bei Drehstromanlagen sollte eine Schutzschaltung vorhanden sein, die die Dioden des Generators vor dem Durchbrennen bewahrt. (Siehe Abb. 5 auf Seite 18).
Keine Batterie sollte mehr als 8 Wochen stehen, ohne nachgeladen zu werden, sie entlädt sich sonst soweit, daß damit nicht mehr gestartet werden kann und zudem kann bereits *Sulfatierung* eintreten. Bei längerer Abwesenheit muß die Batterie entweder von einer damit beauftragten Person nachgeladen werden oder aber es muß ein Ladegerät angeschlossen werden, das die Batterie mit der zur Erhaltung der Ladung notwendigen Stromstärke lädt. Wir werden darüber auf den folgenden Seiten noch ausführlich sprechen.

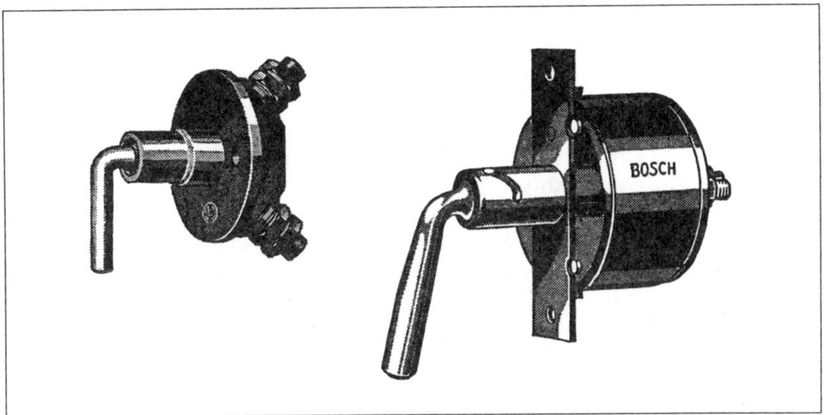

Abb. 14 Batterieschalter

Wir fassen noch einmal zusammen: Die richtige Ladung sollte mit dem 20stündigen Entladestrom beginnen, bei einer 80-Ah-Batterie also mit 4 Ampere. Bei fortschreitender Ladung kann dann der Ladestrom auf den Entladestrom für 10stündige Entladung erhöht werden, also auf 8 Ampere. Höhere Ladestromstärken sind nur in Ausnahmefällen zulässig, sie sind dann bereits eine sogenannte *Schnelladung,* die der Batterie nicht sehr gut bekommt.
Beim Erreichen von 2,4 Volt Zellenspannung ist eine Batterie praktisch voll, d. h. zu 80 % geladen. Eine noch weiter gehende Ladung wird man nur dann anstreben, wenn z. B. beim Einbau von neuen Batterien voll geladene Batterien an Bord kommen.
Neue Batterien, vor allem die sogenannten vorgeladenen Batterien, haben nicht die Nennkapazität, sie müssen früher nachgeladen werden.
Das richtige Laden einer Batterie ist gar nicht so einfach. Im Auto und im normalen Bordbetrieb übernimmt der Regler die Ladeüberwachung. Er wurde aber für Autos entwickelt und ist für den Bordbetrieb, wo man die Ladezeit abkürzen möchte, nicht sehr geeignet.
Sobald eine Batterie mit Hilfe eines Ladegerätes aufgeladen wird, muß sorgfältig darauf geachtet werden, daß Ladespannung, Ladestrom, Ladezeit und Temperatur bestimmte Grenzwerte nicht überschreiten.

Handelsübliche *Ladegeräte* sind einstellbar, meist allerdings nur auf die Batteriespannung, die Ladestromstärke liegt bei den kleineren Geräten in einem Bereich, den die Batterie ohne Schwierigkeit vertragen kann. Größere Werkstattgeräte erlauben aber auch eine Regulierung der Ladestromstärke.
Es gibt drei Methoden zum Laden einer Batterie, die sich durch den Verlauf der Ladestromkurve unterscheiden.
1. Laden mit W-Kennlinie. Die Spannung des Generators oder des Ladegerätes bleibt gleich. Der Ladestrom ergibt sich jeweils aus dem inneren Widerstand der Batterie. Da beim Laden die Spannung der Zellen steigt, wird die Differenz zwischen Ladespannung und Batteriespannung kleiner. Der Ladestrom nimmt ab: Laden mit fallender Kennlinie. Vorteil: Die Ladung braucht kaum überwacht zu werden. Eine Weiterladung auch nach dem Erreichen der Endspannung von 2.65 V pro Zelle schädigt die Batterie nicht, zum Beispiel beim Laden über Nacht.
2. Laden mit I-U-Kennlinie. Der Ladestrom wird konstant gehalten, indem der Regler entsprechend der steigenden Ladespannung die Ausgangsspannung erhöht. Der Ladestrom wird größer, die Aufladungszeit kürzer. Bei Erreichen der Gasungsspannung (2.4 V) wird die Spannung des Ladegerätes automatisch auf einen konstanten Wert eingeregelt und der Ladestrom wird kleiner. Bei manueller Regelung einer Drehstrommaschine (siehe Seite 17) muß das Erreichen der Gasungsspannung durch Beobachtung des Spannungsmessers überwacht werden.
Eine einfache Regel besagt, daß eine Batterie dann mit 20 % des Wertes ihrer Ah-Kapazität in Ampere geladen werden darf, wenn die Beendigung der Ladung beobachtet werden kann, so daß die Spannung der einzelnen Zelle den Wert 2,4 Volt nicht überschreitet. Bei 2,4 Volt fängt die Batterie an zu gasen, deshalb nennt man diese Spannung die Gasungsspannung. An diesem Punkt muß die Ladestromstärke um 50 % zurückgenommen werden, bei Erreichen von 2,65 Volt Zellenspannung auf 25 % des Anfangswertes. Ein Weiterladen mit voller Ladestromstärke über den Gasungspunkt hinaus führt zu Schäden an der Batterie und im Boot zu Knallgas. Bei einer Ladestromstärke von 10 % der Kapazität (bei einer 86-Ah-Batterie also 8,6 A) kann unbesorgt eine Nacht lang, also 10 Stunden, geladen werden. Die meisten Kleinladegeräte liefern eine geringere Ladestromstärke, eine Ladung mit kleinerer Stromstärke schadet der Batterie nicht, im Gegenteil. Meist wird auch

beim Laden mit nur etwa 4 A die Batterie nach einer Nacht soweit aufgeladen sein, daß sie einen Motor wieder einwandfrei startet, weil sie ja nicht vollkommen entladen gewesen sein wird, als sie an das Ladegerät angeschlossen wurde.
Die Normalladezeit einer Batterie beträgt 8–15 Stunden.
Grundsätzlich darf nicht weiter geladen werden, wenn die Säure eine Temperatur von 55° erreicht hat.
Eine kurze Nachladung von einer oder zwei Stunden genügt nicht, wenn die Batterie weitgehend entladen wurde. Hieraus ergibt sich schon, wie unrationell ein Laden der Batterie mit dem Bordmotor ist, es sei denn bei längerer Marschfahrt.
Ist mehr als 50 % der Kapazität entladen, sollte so schnell wie möglich nachgeladen werden. Da der Wirkungsgrad einer Batterie etwa 80 % beträgt, muß 1.2 mal soviel nachgeladen werden, wie verbraucht wurde.
Die Entladung einer Batterie kann durchaus mit hohen Strömen erfolgen, z. B. beim Starten oder beim Betrieb einer elektrischen Winsch. Meist aber wird sie eine langsame, gleichmäßige Entladung sein, z. B. durch die Positionslaternen. Eine Entladung sollte beendet werden, wenn die Spannung auf 11.4 V (bei einer 12 V Batterie) gesunken ist. Eine weitergehende Entladung bezeichnet man als Tiefentladung. Jede Tiefentladung ist schädlich. Das liegt z. B. daran, daß sie eine Umpolung schlechter oder besonders stark gealterter Zellen bewirkt. Die Zellen einer Batterie altern nämlich nicht vollkommen gleichmäßig.
Es wurden Spezialbatterien entwickelt, die bei Tiefentladungen weniger stark leiden (siehe Seite 58).
Ein besonderes Problem stellen sulfatierte Batterien dar. Sulfatierung nennen wir die Bildung eines grauweißen Beschlages von Bleisulfat an den negativen Platten, der das Laden erschwert oder unmöglich macht. Sulfatierung ist nicht ganz einfach erkennbar, wir müssen dazu das Verhalten bei der Ladung beobachten.
Wenn bei einer Batterie sofort nach Beginn der Ladung die Batteriespannung stark ansteigt, liegt Sulfatierung vor. Da bei fallender Batteriespannung der Ladestrom ansteigt, besteht die Gefahr, daß die Batterie mit zu hohem Ladestrom geladen wird. Ist die Sulfatierung nicht zu weit fortgeschritten, kann durch anhaltende Ladung des Bleisulfats wieder abgebaut werden. Man erkennt dann beim Laden nach einiger Zeit ein Absinken der Batteriespannung und Steigen der Ladespan-

nung. Also: Bei Sulfatierung steigt die Batteriespannung zunächst unverhältnismäßig schnell, sinkt dann ab und fängt nach einiger Zeit wieder an zu steigen. Langes Laden mit geringen Ladeströmen kann eine nicht zu weit fortgeschrittene Sulfatierung zurückbilden.
Sulfatierte Batterien dürfen nicht in einem Schnellader geladen werden.
Die Batterielagerung während der Monate, in denen eine Yacht stillgelegt ist, erfordert Aufmerksamkeit. Am ratsamsten ist es, die Batterie sofort nach der Außerdienststellung einer Firma für Autoelektrik in Pflege zu geben. Eine Batterie darf nicht monatelang stehen, ohne benutzt zu werden. Der Fachmann wird die Batterie im Laufe des Winters mehrfach teilentladen und nachladen, nur dadurch läßt sich das Sulfatieren verzögern. Ganz verhindern läßt es sich nie: Eine Batterie hat nur eine begrenzte Lebensdauer, die bei etwa 2 bis 4 Jahren liegt.

Batterieladegeräte

Ein Batterieladegerät ist ein unentbehrliches Hilfsmittel, nicht nur während des Betriebes an Bord, sondern auch für die Winterpflege der Batterien und die Verlängerung ihrer Lebensdauer. Auf vielen kleineren Segelyachten wird die Hilfsmaschine so selten gebraucht, daß die Batterie auf jeden Fall nachgeladen werden muß, weil die Ladung durch die Lichtmaschine nicht ausreicht.
Eine elegante Lösung ist ein Ladegerät, das mit dem fest eingebauten Netzanschluß ebenfalls fest verbunden ist, aber für die Winterlagerung herausgenommen werden kann.
Die meisten handelsüblichen Ladegeräte arbeiten nach der sogenannten W-Kennlinie. Hierbei wird zu Beginn der Ladung der für die jeweilige Batteriekapazität richtige Ladestrom vom Innenwiderstand der Batterie geregelt. Mit steigender Batteriespannung während der Ladung fällt der Ladestrom. (Ladung mit fallender Kennlinie).
Eine Ladegerät sollte für den ständigen Verbleib an Bord bestimmte Mindestforderungen erfüllen.

1. Ausführung muß VDE-Vorschriften entsprechen.
2. Trafo muß eine Vakuum-Isolierlacktränkung haben.

3. Netzanschlußseitig muß mindestens eine Schmelzsicherung vorhanden sein.
4. Sekundärseitig sollte ein thermischer Schutzschalter den Ladestromkreis vor Klemmkurzschluß oder Plattenschluß schützen und bei ca. 1,2fachem Nennstrom innerhalb einer Stunde abschalten, um Überhitzung des Trafos und des Gleichrichters zu verhüten. Damit ist auch eine Sicherheit gegen Brand gegeben.
5. Netzkabel und Ladekabel müssen zugentlastet sein, d. h. die Leitungen dürfen sich nicht bei Zug herausreißen lassen, weil dabei nicht nur ein Kurzschluß, sondern auch Körperschluß entsteht. Das gleiche gilt selbstverständlich auch für den Netzstecker.
6. Das Ladegerät sollte einen Strommesser besitzen.

Im Handel sind eine ganze Reihe von Ladegeräten erhältlich. Es ist aber dringend anzuraten, nur ein Ladegerät einer renommierten Firma zu kaufen, da bei sehr billigen Geräten die Sicherheit gegen Übergang von hohen Spannungen auf das Bordnetz nicht hundertprozentig gegeben ist. Transformatoren der Ladegeräte müssen z. B. mit Schutzwicklungen ausgeführt sein, die auch bei Defekten ausschließen, daß plötzlich 220 Volt an Teilen des Bootes liegen. Ganz abgesehen von der Lebensgefahr sind damit unter Umständen auch schwere Korrosionsschäden zu erwarten.
Ein Ladegerät muß der Batteriekapazität angepaßt sein. Am geeignetsten sind sogenannte *Werkstattlader,* bei denen die Ladestromstärke innerhalb weiter Grenzen einstellbar ist. Es gibt auch Geräte, bei denen nach Volladung auf *Pufferbetrieb* geschaltet werden kann. Das Ladegerät führt der Batterie dann durch entsprechende Wahl der Ladekennlinie nur den sogenannten Erhaltungsstrom zu, der ca. 1 mA pro Ah beträgt. Mit diesem Strom können die Batterien über unbegrenzte Zeit nachgeladen werden, ohne daß die Gasungsspannung überschritten wird. Die Leerlaufspannung für wartungslose Ladung beträgt bei 6 Zellen 10 Volt, bei 12 Zellen 20 Volt.

Welche Batteriekapazität wird benötigt?

Die *Batteriekapazität,* die wir an Bord brauchen, richtet sich zunächst in erster Linie nach dem Anlassermotor, aus seiner Leistung ergibt sich die kleinste noch vertretbare Abmessung der Batterie. Tatsächlich wird es immer erforderlich sein, eine größere Batterie zu kaufen, denn wir wollen ja nicht nur den Motor starten, sondern auch eine ganze Reihe von Stromverbrauchern betreiben, unter denen a priori die Positionslampen zu nennen sind.

Die Ah von Starterbatterien werden von den Herstellern der Motoren vorgeschrieben, man findet sie auf der Seite „Technische Angaben" der Betriebsanweisung. So verlangt z. B. der Hersteller des Bootsmotors Mercedes-Benz OM 636 84 Ah, des OM 326 zwei 105-Ah-Batterien, des Volvo-Penta-80-PS-Motors eine 152-Ah-Batterie.

Tatsächlich würden, allein nach dem rechnerischen Bedarf des Anlassers, sehr viel kleinere Batterien ausreichen. Daß sie es nicht tun, hat folgenden Grund: Motore springen manchmal nicht beim ersten Starten an, und der Anlasser wird oft 10 Sekunden lang und mehr betätigt (was er nicht sollte). Dabei fließen erhebliche Ströme. So nimmt ein 12-Volt-Anlasser von 800 Watt Antriebsleistung etwa 1200 Watt Leistung aus der Batterie, und da Leistung Spannung x Stromstärke ist, nimmt der Anlasser 1200 W : 12 V = 100 A Strom auf. Diese Stromdichte macht nicht nur die Leitungen heiß, sondern auch die Batterie, sie führt aus physikalischen Gründen überdies dazu, daß sich die Platten durchbiegen und zwar um so mehr, je kleiner sie sind. Hieraus lernen wir gleich, daß es keinen besseren Weg gibt, die Batterie schnell ins Jenseits zu befördern, als den Anlasser pausenlos zu betätigen. Wer seine Batterie liebt, legt zwischen jedem Anlassen von maximal 5 Sekunden Dauer 1 Minute Pause ein!

Ein Boot birgt in seinen Planken viele Verbraucher, die Strom aus der Batterie lutschen, manchmal nur kurz, wie eine Pumpe, manchmal sehr lang, wie Positionslampen. Eine Übersicht der daraus resultierenden „Wattstundenbilanz" finden wir im Abschnitt Wattinventur auf Seite 56.

Nehmen wir einmal an, ohne Motor würden wir pro Tag rund 1000 Wattstunden (Wh) verbrauchen, das sind 10 Stunden lang 100 Watt, oder, bei einer Spannung von 12 Volt würde 10 Stunden lang ein Strom von 8,3 Ampere fließen. Die Batterie müßte also 8,3 x 10 = 83 Ah groß sein. Eine Batterie genau dieser Kapazität können wir nicht kaufen, denn die Batterien sind nur in abgestuften Größen käuflich, im übrigen wäre sie auch zu klein, denn wir müssen 40 % Sicherheitsreserve rechnen, um den Motor stets anlassen zu können.

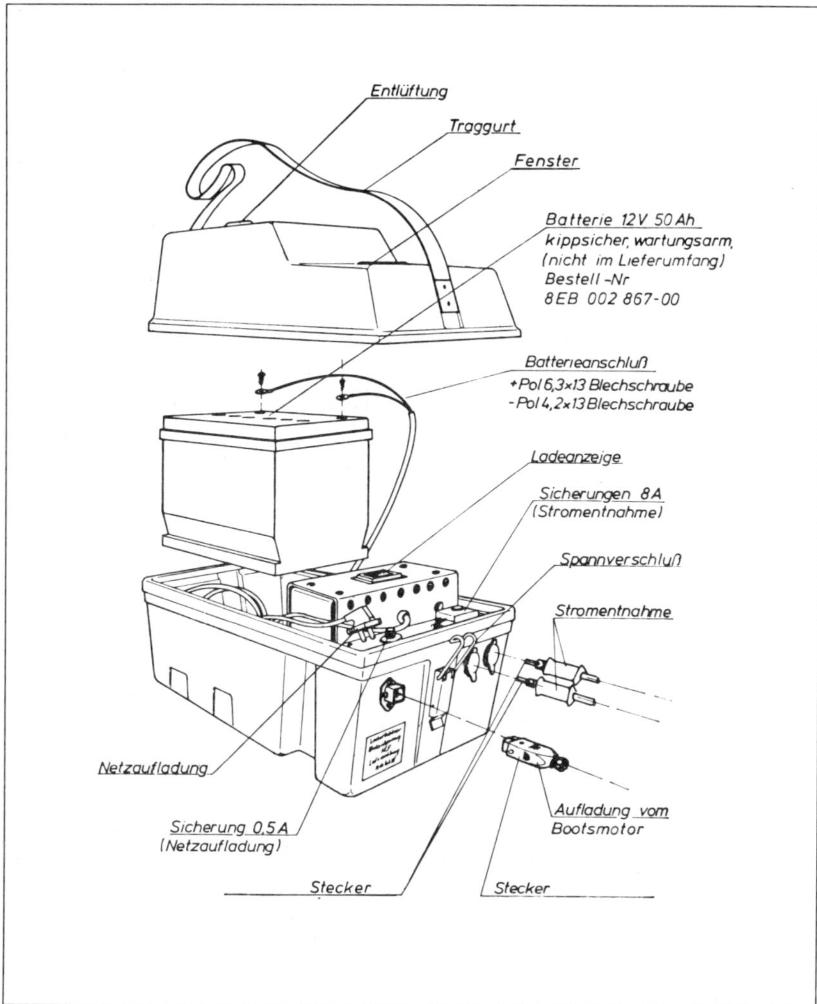
Entlüftung
Traggurt
Fenster
Batterie 12V 50Ah
kippsicher, wartungsarm,
(nicht im Lieferumfang)
Bestell-Nr
8EB 002 867-00
Batterieanschluß
+Pol 6,3×13 Blechschraube
-Pol 4,2×13 Blechschraube
Ladeanzeige
Sicherungen 8A
(Stromentnahme)
Spannverschluß
Stromentnahme
Netzaufladung
Aufladung vom
Bootsmotor
Sicherung 0,5A
(Netzaufladung)
Stecker
Stecker

Abb. 15

40 % von 83 Ah sind rund 33 Ah, unsere Batterie müßte also 83 + 33 = 116 Ah haben. Die nächsthöhere Stufe, die wir in den Prospekten der Batteriefirmen finden, ist 122 Ah, da man immer nach oben abrunden sollte, sobald es um Sicherheit geht.

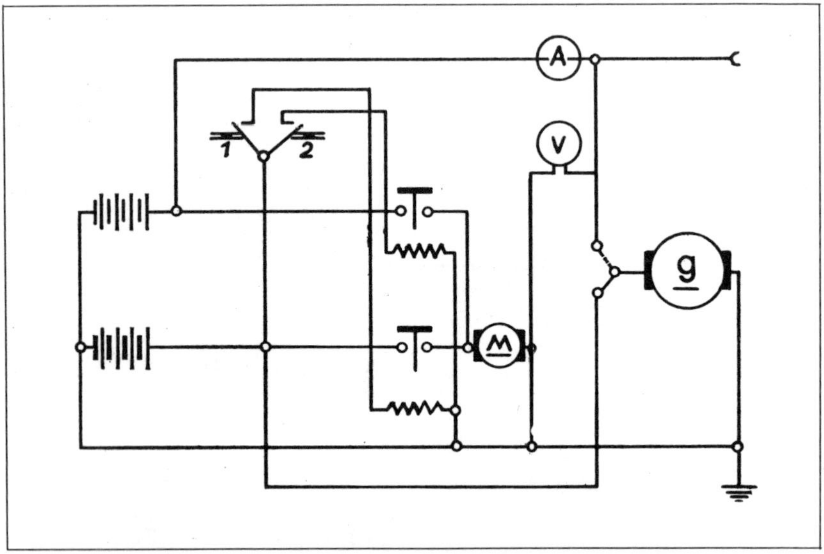

Abb. 16a Schaltbild einer Anlage, bei der zwei Batterien über Schaltschütze von einer Lichtmaschine geladen werden. Die untere Batterie ist die Anlaßbatterie für den Motor, die obere Batterie für das Bordnetz. Normalerweise wird der Motor über das Schaltschütz angelassen, sobald der Anlaßknopf 1 gedrückt wird. Der Strom fließt dann vom Batterieplus über 1 durch die Magnetwicklung des Schützes zum Minuspol. Der Anker wird angezogen und schließt die Hochleistungskontakte zwischen der Batterie und dem Anlassermotor. Wird aber 2 gedrückt, so erhält der Anlasser seinen Strom über das Hilfsschütz von der Reservebatterie. Mit dem Umschalter in der Leitung von der Lichtmaschine kann diese wahlweise auf die eine oder andere Batterie geschaltet werden. Zur Kontrolle der Ladung und der Spannung im Bordnetz sind ein Amperemeter und ein Voltmeter in diesen Stromkreis eingebaut. Es ist wichtig, daß der Umschalter vor der Lichtmaschine G keine Ausstellung hat, weil ein offener Stromkreis bei einer Lichtmaschine eine mögliche Brandursache ist. Der Umschalter muß mindestens 30 A Kontaktbelastung vertragen. Das Hilfsschaltschütz wird von Bosch hergestellt (Type SH/SE 8/10).

Eine sehr patente Lösung für kleinere Boote, die keinen oder keinen ausreichenden Gleichstrom erzeugen, um damit ihren Stromhaushalt an Bord zu versorgen, wurde in Gestalt der Hellamarine-Powerpack-Box entwickelt. Sie kommt insbesondere den Seglern entgegen, die Außenbordmotoren oder nur kleine Bordbatterien haben und auch Motorbootfahrern, deren Boote Motoren mit Handstart besitzen.
Heute müssen alle Positionslaternen nach der SeeSchStrO eine wesentlich höhere Mindesttragweite als früher haben. Das bedeutet in der Praxis, daß der Stromverbrauch wesentlich höher ist. Vielfach reichen die vorhandenen Bordbatterien nicht einmal aus, um für eine einzige Nachtfahrt den notwendigen Strom zu liefern.
Der Powerpack löst zweifellos viele dadurch auftauchende Probleme. Er besteht aus einer Spezialbatterie in einem Kunststoffgehäuse, das

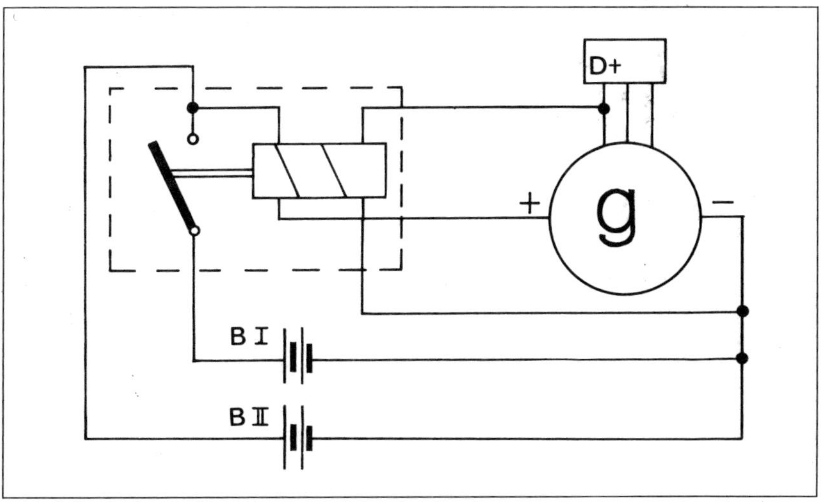

Abb. 16b Batterietrennrelais von Bosch. Das Relais hat eine Strom- und eine Spannungswicklung. Wird die Einschaltdrehzahl des Generators erreicht, zieht das Relais an und beide Batterien sind parallel geschaltet. Bei Absinken der Spannung durch Verringerung der Drehzahl erzeugt der Rückstrom der Batterie in der Stromwicklung ein Gegenfeld, wodurch das Magnetfeld der Spannungswicklung geschwächt wird: Das Relais läßt los und öffnet, es bleibt nur noch eine der Batterien am Netz.

ohne Mühe von Bord genommen werden kann, die 50 Ah Kapazität reicht bei voller Beleuchtung nach Vorschrift mindestens für eine Nacht. Das Aufladen erfolgt über eine eingebaute Lade- und Regelelektronik entweder aus dem 220 V Lichtnetz oder einer Lichtmaschine des Bootsmotors (bis zu 60 W Leistung). Der Ladezustand ist von außen ablesbar. Der Powerpack hat noch einige weitere Annehmlichkeiten – er kann ruhig einmal auf dem Kopf stehen, eine darüber hinweggehende grüne See macht ihm auch nichts.

Wir haben bisher immer vorausgesetzt, daß sich nur *eine* Batterie an Bord befindet, die zum Anlassen des Motors und für den Bedarf der Stromverbraucher dient. Unter Umständen ist dies aber nicht empfehlenswert, auch wenn es aus Sparsamkeit meist so gemacht wird. Wer Platz hat, sollte eine Anordnung wählen, bei der die Stromquellen für Anlasser und Bordnetz getrennt sind, mithin zwei Batterien vorhanden sind, von denen eine nur zum Anlassen des Motors bestimmt ist. Man muß sich allerdings darüber im klaren sein, daß eine solche Anlage auch gewisse Nachteile hat. Sie bietet zwar eine größere Sicherheit, denn die Motorbatterie wird immer voll geladen gehalten und es kann nicht passieren, daß sie im entscheidenden Augenblick so leer ist, daß der Motor nicht anspringen will. Der Nachteil liegt im Preis, den man für die Sicherheit zu zahlen hat, und im Gewicht. Es ist leider nicht so, daß eine Batterie länger hält, wenn sie nicht oder wenig benutzt wird. Die Lebensdauer einer Batterie ist nun einmal begrenzt, und zwar auf zwei bis höchstens vier Jahre. Es müssen also nach Ablauf dieser Zeit beide Batterien ausgewechselt werden, nicht nur die Lichtbatterie, sondern auch die Motorbatterie.

Eine Anlage mit zwei Batterien bringt schaltungstechnisch gewisse Probleme mit sich, weil das elektrische Verhalten in Rechnung gestellt werden muß. Ohne weitere Kunstgriffe würde beim Anschluß von zwei parallel geschalteten Batterien an eine Lichtmaschine eine Batterie überladen, es sei denn, beide Batterien seien genau gleich alt und auch in ihrem sonstigen elektrischen Verhalten identisch. Ist das nicht der Fall, so würde die ältere Batterie bereits voll geladen sein, wenn sie 2,5 Volt Spannung erreicht hat, die neue aber ist erst bei 2,65 Volt voll geladen. Man kann zwei Batterien gefahrlos nur dann laden, wenn sie in Serie geschaltet sind, das aber ist in einer Bordanlage ohne Änderung der Lichtmaschine meist nicht möglich. Eleganter ist die Ver-

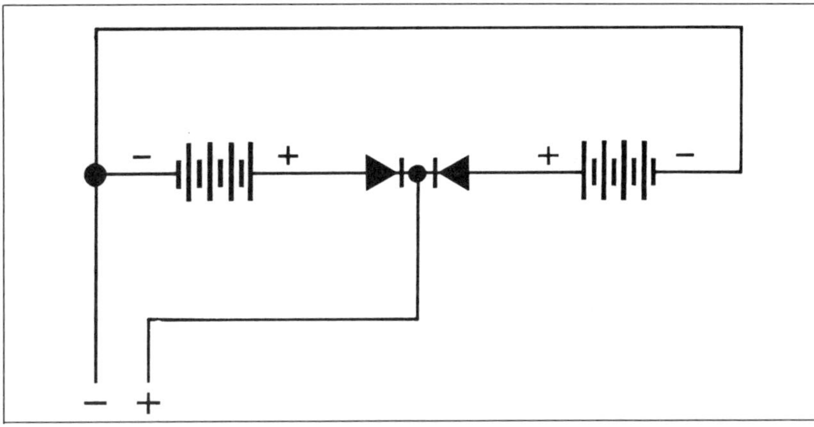

Abb. 17a Zwei Batterien werden über Dioden geladen. Es kann nur Strom vom Generator in beide Batterien fließen, nicht von einer Batterie in die andere.

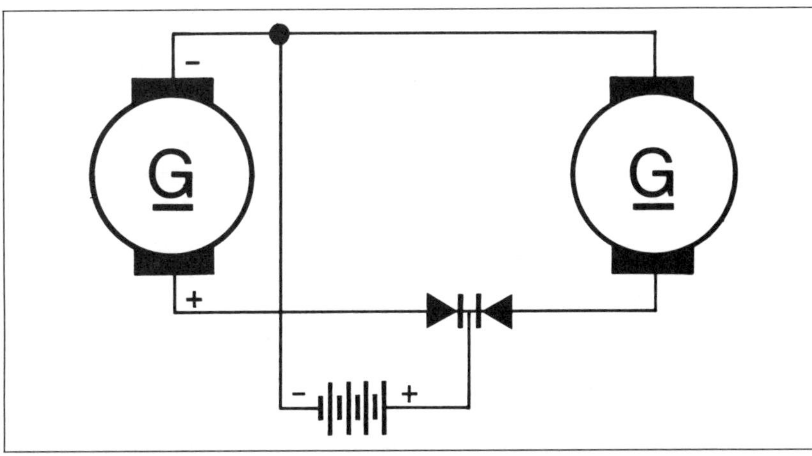

Abb. 17b Zwei Gleichstromgeneratoren laden eine Batterie, ein ungewöhnlicher Fall. Damit kein Strom aus einem Generator in den anderen fließt, sperren zwei Dioden Stromfluß. Bei Drehstromgeneratoren genügen dazu die Dioden im Generator.

wendung von Sperrdioden, die Strom nur in einer Richtung durchlassen und einen Ausgleich zwischen zwei Batterien verhindern. Solche Dioden, fertig in Kühlkörpern montiert, liefert der Fachhandel (z. B. Hansa Schiffselektronik, Hamburg 11, Zippelhaus 3).

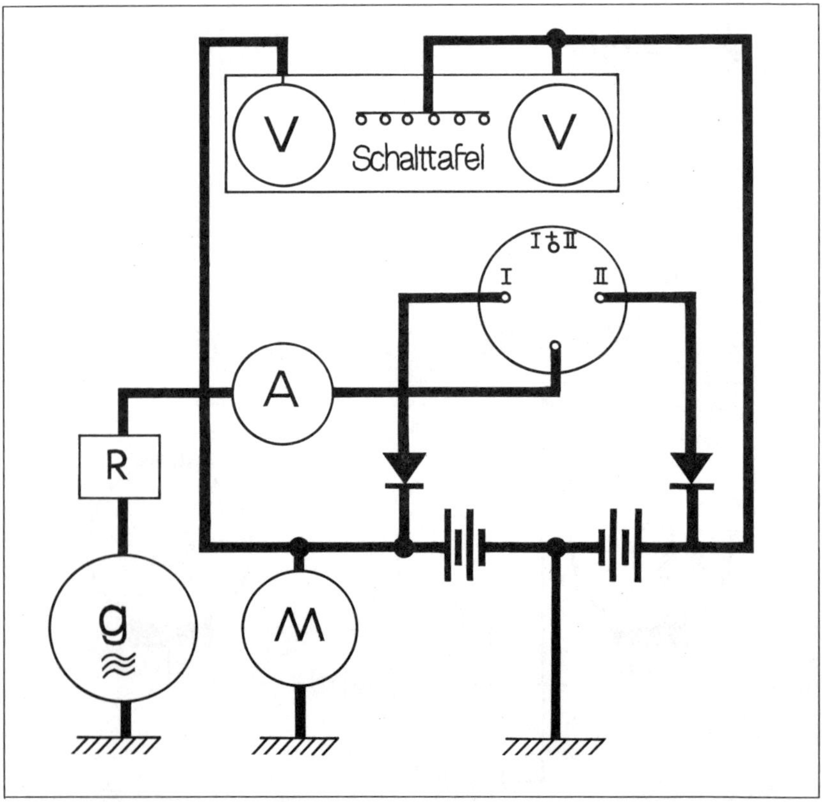

Abb. 18 Zwei Batterien werden über einen Vetus-Handschalter und Dioden geladen. Wahlweise kann die Batterie I oder II oder beide geladen werden. Der Schalter ist so konstruiert, daß die Stromzuführung von dem Drehstromgenerator keinen Augenblick unterbrochen wird. Beide Batterien werden durch Spannungsmesser überwacht, außerdem die Ladeleistung des Generators.

Abb. 17 zeigt zwei Batterien, die über zwei Dioden einen Stromkreis speisen. Die Aufladung der Batterien kann über einen Handschalter erfolgen. Abb. 18 zeigt zwei Batterien, die von einer Lichtmaschine geladen werden. Wieder verhindern die Dioden Ausgleich zwischen den Batterien, von denen die eine die Starterbatterie ist. Die Sicherungen sind Batterieschutzschalter, die auf die Belastung beim Start ausgelegt sind, ebenso wie die Leiterquerschnitte bis zum Schalter. Mit diesem Schalter läßt sich bei leerer Anlasserbatterie die Bordnetzbatterie zum Starten einsetzen. Alle Dioden müssen für den maximalen Ladestrom des Generators ausgelegt sein.
Es ist also notwendig, die Batterien über *Trennschalter* zu verbinden, die auch als Schütze ausgebildet sein können, das heißt, die vom Schaltbrett aus mit Hilfe eines Relais betätigt werden können. Ein anderer Weg ist die Ladung der zwei Batterien nacheinander. Man braucht dazu allerdings einen speziellen Ladeumschalter, bei dem die Drehstromlichtmaschine auch nicht einen Bruchteil einer Sekunde von der Batterie getrennt wird. Ein solcher Umschalter wird von der Firma Vetus hergestellt und ist im Zubehörhandel erhältlich (Abb. 18).
Es gibt auch Möglichkeiten, die Batterien so zu schalten, daß alle Lade- und Entladevorgänge vollautomatisch von Regelelementen überwacht werden. Fährt man zwei Batterien, so wird man eine davon stets voll geladen haben wollen, um im Bedarfsfalle den Motor starten zu können. Dies wird möglich durch das Batterietrennrelais von Bosch, das beide Batterien parallel schaltet, sobald der Generator seine Einschaltdrehzahl erreicht hat. Die jeweils stärker entladene Batterie wird als erste wieder aufgeladen. Das kleine und preiswerte Gerät wurde ursprünglich für Taxen entwickelt, die mit Funk ausgerüstet sind und daher zwei Batterien besitzen (Abb. 16b).

Die Wattinventur (Energiebilanz)

Die Bordbatterie muß, wie wir gesehen haben, nach der Größe des Anlassermotors und dem Wattverbrauch des Bordnetzes bemessen werden, wobei die Kapazität, die von den angeschlossenen Stromverbrauchern des Bordnetzes in Anspruch genommen wird, meist kleiner ist als die vom Motorhersteller geforderte Kapazität. Trotzdem ist es notwendig, sich über die Inanspruchnahme der Batterie durch die vielen Stromverbraucher klar zu werden. Die dazu notwendige Rechnung heißt *Energiebilanz oder Wattinventur.*

Am besten geht man so vor, daß man die elektrischen Betriebsgruppen für sich untersucht. Da kommt zunächst die Gruppe *Nautische Beleuchtung:* Seitenlaternen, Topplaterne, Hecklicht, Kompaßbeleuchtung, Armaturenbrettbeleuchtungen, Ankerlicht. Dann berechnen wir die Stromaufnahmen im Bereich der *Maschine:* Zündung, Strombedarf des elektrischen Getriebes, Gasspürgeräte, Maschinenraumbeleuchtung. Es folgen die *navigatorischen Hilfsgeräte:* Echolot, Radio, Funkanlage, Peiler, Windmeßanlage, elektrisches Log, eventuell Radar, Decca, Autopilot. Sodann die *Beleuchtung:* Kajütbeleuchtung, Salingsbeleuchten. *Wohnkomfort:* Eisschrank, Staubsauger, Heizventilator, Lüfter. Und endlich die nur kurzfristig eingeschalteten Geräte: Anlasser, Pumpen, Spills.

Bevor wir diese Inventur vornehmen, schreiben wir alle diese Verbraucher auf unserer Yacht, die bei stehendem Motor in Betrieb sein können, untereinander auf und daneben die Zeiten, die sie nach unseren Fahrgewohnheiten in Betrieb sein werden. Natürlich ist das sehr unterschiedlich, denn ein Segler segelt jede Nacht durch, der andere liegt lieber im Hafen, der eine pumpt Wasser in Kombüse und Waschraum elektrisch, der andere mit der Hand, der eine besitzt ein elektrisches WC, der andere nimmt den Bugspriet.

Die Verbraucher sind meist in Watt gekennzeichnet. Diese Watt rechnen wir zunächst in Ampere um, indem wir nach der Formel

$$\text{Watt} = \text{Volt} \times \text{Ampere}$$

die Wattzahl durch die Spannung teilen. Es ergibt sich dann z. B. eine

Tabelle folgender Art, die natürlich nur ein Beispiel ist, hier für einen kleinen Seekreuzer und für einen Tag.

Seitenlaternen	2x25 W	4.20 A	8 h	33.60 Ah
Hecklaterne	10	0.84	8	6.72
Kartentisch	10	0.84	1	0.84
Salon, Pantry	35	2.92	3	8.76
Kojen	10	0.84	1	0.84
Pumpen	100	8.33	0.5	4.17
Echolot	5	0.42	10	4.20
				59.66

Der Gesamtwert der Ah muß noch korrigiert werden, denn einmal hat eine Batterie um so weniger Kapazität, je höher die Belastung ist, und außerdem darf man nur von 80 % der Nennkapazität ausgehen, wenn die Batterie nicht ganz neu und nicht vollkommen aufgeladen ist. In der Praxis ist ein Faktor 1.5 in etwa richtig. Damit kommt man auf eine Sollkapazität von fast 90 Ah.
Dazu kommt der Bedarf des Motorstarters. Empirisch ist dafür die für das Bordnetz ermittelte Kapazität um 30 Ah zu erhöhen. Damit kommen wir auf 120 Ah.
Natürlich muß der Generator dem Strombedarf angepaßt sein. Eine mittlere Gleichstrommaschine liefert 130 Watt, würde also auch bei gleichzeitiger, den jeweiligen Zeiten entsprechender Entnahme ausreichen, um den Ladezustand der Batterie aufrechtzuerhalten. Bei einem kleinen Drehstromgenerator gibt es keinerlei Probleme.
Im Abschnitt über Schalttafeln sind die wesentlich schwierigeren Verhältnisse bei einem größeren Seekreuzer abgehandelt.
Für Yachtschipper, die nicht über eine technische Vorbildung verfügen, wird die Wattinventur überraschend und erschreckend sein, denn sie zeigt, wie wenig Elektrizität uns in einem normalen Stromspeicher zur Verfügung steht und wie sehr die wenigen Stromverbraucher, die wir in die Inventur eingesetzt haben, die Kapazität der Bordbatterie bereits belasten. Es liegt auf der Hand, daß Stromfresser wie elektrische Ankerspills, vor allem aber ein etwa an Bord befindlicher elektrischer Kühlschrank, mit den üblichen Batteriekapazitäten und Lichtmaschinen nicht betrieben werden können, sondern zusätzliche Batterien und größere oder zusätzliche Lichtmaschinen erfordern.

Aufstellung von Batterien

Besondere Aufmerksamkeit ist dem Platz zu widmen, an dem die Batterien aufgestellt werden. Man befindet sich hier in einem Dilemma. Einerseits soll die Zuleitung von der Batterie zum Startermotor möglichst kurz sein, andererseits aber arbeitet eine Batterie am besten, wenn sie kühl steht. Der Germanische Lloyd erlaubt bei Ladeleistungen von 2 kW und weniger die Aufstellung im Motorenraum – an einer geschützten und gut belüfteten Stelle. Er verbietet aber ausdrücklich die Aufstellung in der Bilge, in bewohnten Räumen, der Kombüse oder ähnlichen Stellen. Das macht die Aufstellung vor allem auf Segelyachten, wo die schweren Batterien den Schwerpunkt beeinflussen, nicht einfach. Praktisch bleibt also nur der Motorraum, aber an einer Stelle, wo Ansaugluft eintritt, damit evtl. gebildetes Knallgas (beim Gasen) sofort abzieht. Einer Unterbringung in engen, geschlossenen Kästen steht die Forderung nach Wärmeabfuhr entgegen. Bewährt hat sich die Aufstellung auf waagerechten Holzbrettern mit zehn Millimeter hohen Holzleisten. In diesem Fall müssen sie zusätzlich durch Rahmen oder Verschrauben der Fußkanten gehalten werden, man kann aber auch die Holzleisten durch etwa 10 cm hohe Bretterrahmen ersetzen. Empfehlenswert ist eine Auskleidung des Kastens mit Bleiblech oder Plastik.
Eine Unterbringung in geschlossenen Backskisten ist nicht zulässig, einmal wegen der Wärmeentwicklung, vor allem aber wegen der Ansammlung von hochexplosivem Knallgas.

Spezialbatterien

Die üblichen Autobatterien sind sog. Starterbatterien, ausgelegt für kurzfristige Entladung mit hoher Stromstärke. Als Bordbatterie neben der Starterbatterie bewähren sich Batterien für kapazitive Beanspruchung, also lange Entnahme geringerer Ströme. Solche Batterien haben eine höhere Lebensdauer. Dies wird erreicht durch verstärkte positive Gitterplatten und spezielle Separatoren. Leider sind diese Batterien, vor allem im Ausland, nicht überall erhältlich. Sie heißen Batterien für Langzeitentladung (Varta) oder S-Batterien (Bosch).

Das Bordnetz

In den vorangegangenen Kapiteln haben wir uns mit der Erzeugung von Strom und der Speicherung von Strom beschäftigt. Nun kommen wir zur *Verteilung* dieses Stroms im Bordnetz. Wie immer muß wieder ein klein wenig Physik an den Anfang gestellt werden, sozusagen eine Auffrischung der Schulkenntnisse . . .

Erinnern wir uns: Ein Strom fließt in einem Leiter, der, genau wie ein Rohr dem darin fließenden Wasser einen seinem Querschnitt entsprechenden Widerstand entgegensetzt, ebenfalls durch seinen Widerstand den Strom hemmt. Diese Hemmung drückt sich in der Umwandlung von elektrischer in Wärmeenergie aus: der Leiter wird warm. So wie um so mehr Wasser durch ein Rohr fließt, je höher der Druck ist, so fließt auch um so mehr Strom, je höher die Spannung ist. Die Strommenge wird mit I bezeichnet und in Ampere (A) ausgedrückt, die Spannung als U und in Volt (V) gemessen, der Widerstand R in Ohm (Ω) angegeben. Zwischen den drei Faktoren Spannung, Strom, Widerstand herrscht die Beziehung:

$$I = \frac{U}{R}$$

d. h. der Strom ist proportional der Spannung und umgekehrt proportional dem Widerstand. So wie der Wasserdruck am Ende eines engen Rohres niedriger ist als am Anfang, so ist auch die Spannung am Eingang eines elektrischen Widerstandes höher als am Ausgang. Ein Widerstand bedingt also einen Spannungsabfall.

Wir wissen, daß der Faden einer Glühlampe aus dünnem Wolframdraht besteht, der dem Stromfluß einen Widerstand entgegensetzt und dabei so warm wird, daß er hell glüht. Alle Drähte setzen dem Strom Widerstand entgegen, auch die Kupferleitungen in den Zuführungskabeln zu unserer Glühlampe, nur daß ihr Widerstand sehr viel kleiner ist – sehr viel kleiner aber nur, wenn die Leitung stark genug dimensioniert wurde. Wir müssen also bei allen Anlagen, die wir bauen, nicht nur den Spannungsabfall in dem Stromverbraucher – in unserem Beispiel

der Glühlampe – in Rechnung stellen, sondern auch in der Leitung, und zwar aus zwei Gründen: Die Leitung darf die zum ordnungsgemäßen Betrieb unseres Stromverbrauchers notwendige Spannung nicht zu stark mindern und sie darf nicht so warm werden, daß sie schmilzt oder die Isolation zum Schmelzen bringt. Die Feuergefahr durch Überhitzung elektrischer Leitungen ist außerordentlich groß.
Der Widerstand eines Drahtes ist verschieden, je nach dem Material, aus dem er besteht. Wir können an Bord nur Kupferleitungen gebrauchen, weil Kupfer eine besonders gute Leitfähigkeit hat und weil andere Leiter stark angefressen werden, wenn sie mit salziger Luft in Berührung kommen. Man nennt den Widerstand von 1 m Draht von 1 mm² Querschnitt den *spezifischen Widerstand.* Für Kupfer ist er 0.0175 bei 20° C. In der Praxis arbeitet man aber lieber mit dem Begriff *Leitungswiderstand* oder *Leitwert* (K), der für Kupfer 50 ist, d. h. 50 m Draht von 1 mm² Querschnitt haben 1 Ohm Widerstand.
Aus dem spezifischen Widerstand können wir aber auch den Querschnitt eines Drahtes berechnen, wenn der Widerstand gegeben ist:

$$Q = \frac{\text{Länge des Drahtes}}{50 \text{ x Widerstand in Ohm}}$$

Hiermit sind wir schon ganz gut gerüstet für die Berechnung der Leitungen, die wir an Bord brauchen, aber um die Sache noch einfacher zu machen, haben wir die Widerstände für Kupferleitungen der handelsüblichen Normen einmal ausgerechnet und gleichzeitig die maximale Belastung in Ampere hinzugefügt, die nach den VDE-Normen noch zulässig ist. Mit den entsprechenden Sicherungen wären unsere Leitungen also zu versehen.
Die theoretischen Betrachtungen sind deshalb so wichtig, weil ein Laie geneigt sein wird, den Widerstand einer Drahtleitung zunächst einmal überhaupt nicht in Rechnung zu stellen. Tatsächlich aber sind die Leitungsquerschnitte beim Arbeiten mit Niederspannungen (6 und 12 Volt) überaus wichtig.
Wir dürfen uns nicht davon verführen lassen, daß die VDE-Normen bis 10 A Leitungsquerschnitte von 1,5 mm² zulassen. An Bord ist dieser Querschnitt mit Rücksicht auf Erwärmung und Spannungsabfall entschieden zu gering.

Widerstand von Kupferleitungen und zulässige Belastbarkeit (Ohm pro 100 m Leitung. Belastbarkeit für Dauerbetrieb)

Querschnitt mm^2	Widerstand Ω	Dauerbelastung A
1,5	1,19	15
2,5	0,71	20
4	0,45	25
6	0,3	35
10	0,18	–

Nehmen wir einmal den Fall, wir wollten ein elektrisches Ankerspill montieren. Die Leistung eines solchen Spills dürfte bei 4 PS liegen. An sich besteht zwischen PS und elektrischer Energie die Beziehung 1 PS = 736 Watt, aber Motore arbeiten nicht mit 100 % Wirkungsgrad. Der Wirkungsgrad ist sogar um so geringer, je niedriger die Spannung ist, bei 12 Volt beträgt er nur noch 0,55. Bei 4 PS brauchen wir also rund 5400 Watt, denen ein Strom von 450 Ampere entspricht. Hieraus sieht man sofort, daß 12 Volt eine zu niedrige Spannung ist, denn es würden sich viel zu große Leitungsquerschnitte ergeben. Rechnen wir das Beispiel daher für 24 Volt durch. Bei 0,6 Wirkungsgrad brauchen wir 4,9 kW Leistung und entsprechend einen Strom von 204 A. Bei 5 % Leitungsverlust durch den Ohmschen Widerstand der Leitung, ein noch tragbarer Wert, darf der Leitungswiderstand nur

$$I = \frac{U}{R} \text{ sein: } R = \frac{1.2}{204} = 0{,}0059 \text{ Ohm}$$

Bei einer Leitungslänge von 15 m hin und 15 m zurück von der Batterie zum Vorschiff ist der notwendige Querschnitt nach der oben angeführten Formel

$$Q = \frac{\text{Länge des Drahtes}}{50 \times \text{Widerstand in Ohm}} = \frac{30}{50 \times 0{,}0059} = 9{,}12 \text{ mm}^2$$

An sich wäre die nächste handelsübliche Leitung mit 10 mm^2 durchaus verwendbar, aber man muß daran denken, daß die Anlaufströme eines

Gleichstrommotors wie im Spill höher sind als der Dauerstrom. Besser wäre daher die nächstdickere Leitung. Es gibt sie mit 16 mm^2 im Handel. Es versteht sich von selbst, daß die Batterien die hohen Stromentnahmen ohne Plattenverbiegungen aushalten müssen, aber das steht auf einem anderen Blatt.
Für die Bemessung einer Leitung ist nicht nur der Spannungsabfall wichtig, den sie hervorruft, sondern auch die Belastbarkeit, d. h. es darf keine unzulässig hohe Erwärmung auftreten. Es gibt dafür Erfahrungswerte, die in der nachstehenden Tabelle für verschiedene Temperaturen wiedergegeben sind:

Leitungsquer-	Belastbarkeit mit A bis			
schnitt mm^2	25° C	30° C	40° C	50° C
1,5	20	18	15	10
2,5	27	24,5	20	13
4	36	33	27	18
6	47	43	35	23
10	65	60	49	32
16	87	76	65	43
25	115	105	87	57

Diese Werte beziehen sich auf Feuchtraumkabel bei Dauerbetrieb. Man sieht, daß die Belastbarkeit bei Anwachsen der Temperatur schnell absinkt, aber man muß sich vor Augen halten, daß Temperaturen von 50° im Maschinenraum einer Yacht im Sommer oder gar im Mittelmeer durchaus keine Seltenheit sind.
Bei der Bemessung des *Leitungsquerschnittes* müssen wir sowohl vom zulässigen Spannungsabfall wie von der Belastbarkeit ausgehen. Der Leitungsquerschnitt nach dem noch zulässigen Spannungsabfall sollte zuerst errechnet werden. Im eigentlichen Bordnetz wird der Strom immer unter der Belastbarkeitsgrenze liegen, es sei denn, es handle sich um kurzfristig belastete Motoren hoher Leistung. Ein gutes Beispiel für die Bedeutung des Spannungsabfalls in den Leitungen sind die Positionslampen.

Das Dampferlicht einer Yacht muß nach den Vorschriften des DHI eine Lichtstärke von 8 cd (Candela) haben, einer Leistungsaufnahme von 13,5 Watt entsprechend. Bei einer Leitungslänge vom Masttopp zum Achterschiff von 20 m ist die Leitung insgesamt 40 m lang. Die Glühlampe darf mit höchstens 2 % Unterspannung betrieben werden, weil ihre Helligkeit sonst zu stark absinkt, bei 5 % Unterspannung ist ihre Helligkeit bereits um 17 % gemindert! 2 % entsprechen bei 12 Volt Batteriespannung 0,24 Volt. Die Glühlampe erhält dabei an ihrem Sockel 12–0,24 = 11,76 Volt.
Der Spannungsabfall von 0,24 Volt dient uns zum weiteren Rechnen. Da nach dem Ohmschen Gesetz

$$R = \frac{U}{I} = \frac{\text{Spannungsabfall}}{\text{Lampenstrom}} \text{ ist, also } \frac{0{,}24}{1{,}15} = 0{,}209 \text{ Ohm,}$$

können wir nach der schon einmal benutzten Leiterquerschnittformel rechnen:

$$Q = \frac{40}{50 \times 0{,}209} = 3{,}84 \text{ mm}^2$$

Leiter dieses Querschnitts gibt es nicht, man wählt wieder die nächst höhere Stärke, und zwar 4 mm².
Soweit die Rechnung, die zeigt, daß die Leitungsquerschnitte, die wir selbst für so kleine Stromverbraucher wie die Glühlampen in unseren Positionslampen einbauen müssen, viel größer sind, als wir eigentlich erwartet haben, weil wir an die dünnen Kabel des Haushaltsstroms gewöhnt sind.
12 Volt Spannung ist für eine Bordbatterie die unterste Grenze, weil bei 6 Volt die Leitungen einfach viel zu dick würden, aber 24 Volt hätten nicht nur den Vorteil handlicherer Leitungen, sondern auch, daß dabei die unvermeidlichen Kontaktwiderstände an den Sockeln der Glühlampen, an Schaltern und Sicherungen weniger ins Gewicht fallen. Leider sind 24-Volt-Batterien bei uns kaum gefragt und daher teurer als die handelsüblichen Autobatterien.
Auf manchen Yachten wird ein 24 V-Bordnetz gefahren, das durch eine 12 V-Batterie für bestimmte Geräte ergänzt wird. Hierfür liefert Bosch ein elektronisches Laderelais, das die Ladung der 12 V-Batterie regelt, wenn der Generator noch eine Leistungsreserve hat.

Die Verbindung Batterie – Bordnetz

Die Leitung zwischen der Batterie und dem Anlasser führt, wenn auch nur für ganz kurze Zeit, Ströme von einigen hundert Ampere. Sie weist daher die entsprechenden Querschnitte auf. Man achte aber auf die Verbindung zwischen den Batterieklemmen und den Polen der Batterie. Oft sieht man diesen nicht an, daß eine Oxidschicht den Stromübergang bremst! Auf alle Fälle sollten die Klemmen mit säurefreiem und säurebeständigem Fett leicht eingefettet werden.
Aus Sicherheitsgründen muß trotz guter Verbindung mit einem Fehler gerechnet werden, der beim Bruch von Kabeln, beim Abbrennen von Isolation oder einem Blockieren des Startermotors möglich ist. Die Stärke des Kurzschlußstroms einer Batterie hängt von ihrer Kapazität ab. Nach einer Faustformel kann er das 10–40fache der Kapazität betragen, also 1000 bis 4000 A. Fließen solche Ströme, wird die Leitung glühend heiß und die Isolationen geraten in Brand. Aus diesem Grunde sollte ein Batterieschutzschalter eingebaut werden, der hohe Kurzschlußströme durch Schnellabschaltung unterbricht. Ein solcher Schalter ist z. B. das Gerät ETA 452-K 34-N2 von Ellensberger & Poensgen für Nennströme von 80 A, Nennstromausschaltvermögen von 2400 A (50 x garantiert) und Kurzschlußfestigkeit von 10.000 A, tropen- und schwingungsfest.

Die praktische Verkabelung

Früher wurden alle Leitungen auf Schiffen nur als bleimantelarmierte Kabel verlegt. Solche Kabel sind heute überholt, denn die Kunststoffchemie hat uns bessere und billigere Isolierungen beschert. Blei sollte tatsächlich der Vergangenheit angehören, weil solche Kabel sogar gewisse Gefahren mit sich bringen. Bei einer Beschädigung der Innenisolation kann es zur Bildung wilder Stromkreise und elektrischer Korrosion kommen, die wir durch die Anwendung der isolierten Rückleitung ja gerade vermeiden wollten.
Elektrische Leitungen sind in Deutschland genormt. Ihre Bezeichnung verrät den Aufbau und damit den Zweck. Uns interessiert für die Bordinstallation in erster Linie die *Neoprene-Schlauchleitung,* die kaum brennbar ist, abrieb- und rißfest, alterungsbeständig und biegsam, vor allem aber widerstandsfähig gegen Sonnenlicht und Ozon, Feuchtigkeit, Seewasser, Öle und Fette. Diese Leitung wird unter der Bezeichnung NLHö/u gehandelt (bei Querschnitten bis 0,75 mm^2) und NMHö/u bei Querschnitten bis zu 4 mm^2.
Zu den Handelsbezeichnungen gehört die Zahl der Kupferleiter und deren Querschnitt. NMH 2x2,5 ist eine Schlauchleitung aus zwei Litzen mit je 2,5 mm^2 Querschnitt. Dies ist auch die Leitung, die für uns in erster Linie in Frage kommt, wenn wir nicht zur Stärke 2x4 greifen müssen. Die Leitungen zwischen Batterie und Anlasser und Lichtmaschine und Batterie gehören einem anderen Typ an. Man überläßt ihre Installation am besten dem Fachmann, der den Motor elektrisch anschließt.
Die NMH-Leitungen von 2x2,5 haben Außendurchmesser von 11 mm, die 2x4-Leitungen 13 mm. Danach müssen auch die Schellen ausgewählt werden, die zur Befestigung dieser Leitungen dienen. Am einfachsten ist, dafür den Abstand zu wählen, der gerade der Länge des Hammerstiels entspricht, weil man damit ein bequemes Maß in der Hand hat. Die Schellen müssen mit Messingschrauben befestigt werden, gegebe-

nenfalls auch mit Kupferstiften oder Messingnägeln, niemals mit Eisenschrauben oder Nägeln oder Schrauben, die nur vermessingt sind, auch verzinkte Schrauben sind abzulehnen, da sie eine Korrosionsgefahr bilden. Man kann nicht allen „Messingschrauben" äußerlich ansehen, ob sie auch tatsächlich aus Messing gefertigt sind, ein Magnet verrät aber schnell ihren wahren Charakter!

Beim Verlegen von mehr als einer Leitung nimmt man am besten Messingschellen, die aus Messingstreifen hergestellt werden. Das dazu benötigte Messingband ist käuflich, die Herstellung der Schellen ist ein Kinderspiel, wenn man dazu eine *Mechanikus-Zange* benutzt.

Die Innenadern der Leitungen sind farbig, damit man beim Schalten gleich weiß, welches der Plus- und welches der Minuspol ist. Zweiadrige Kabel haben schwarze und graue Adern, dreiadrige daneben eine rote, vieradrige eine weitere blaue Ader.

In der Schwachstromtechnik ist die rote Ader Plus, die blaue Minus. Bei mehradrigen Leitungen wählt man am besten grau als Farbe für

---

Bezeichnung der gängigen Leitungen nach alter deutscher Norm

NYA	Kunststoff-Aderleitung (Klingeldraht, nur 1 Ader in Kunststoffisolierung)
NYAF	Kunststoff-Aderleitung, feindrähtig
NYIF	Stegleitung (Klingelleitung mit 2 bis 4 Adern)
NYM	Mantelleitung (Kupferleiter mit Isolierung in einem mit Regenerat gefüllten Außenmantel)
NMHY	Mittlere Kunststoffschlauchleitung (Feindrähtiger Kupferleiter mit Kunststoffhülle in Kunststoffaußenmantel)
NMH	Mittlere Schlauchleitung (Die feindrähtigen Kupferleiter sind verzinnt und gummiisoliert. Der Mantel ist Gummi)
NMHö/u	wie vor, aber in Neoprenmantel
FLK	Schwachstromleitung, kunststoffisoliert (Verseilte Adern verschiedener Farbe, Kunststoffmantel)

Minus. Auf jeden Fall sollte man soviel Gebrauch wie nur möglich von guter Farbkennzeichnung machen, die Farben müssen in das Schaltbild des Bootes eingesetzt werden, damit man später bei Störungen nicht unnötig lange herumsuchen muß.

Sehr häufig muß eine Leitung verzweigt werden, um einzelne Beleuchtungskörper usw. anzuschließen. Man muß jede einzelne Verzweigung mit Hilfe einer *Abzweig- oder Verteilerdose* vornehmen, keinesfalls darf man die Adern nur verdrillen und mit Isolierband notdürftig abisolieren. Es gibt verschiedene Arten von Verteilerdosen. Die bei Großschiffen verwendeten Dosen aus Bronzeguß sind für uns zu unförmig und teuer. Es gibt aber Dosen, die in ihrem Preßkörper eine größere Zahl von Schrauböffnungen haben, die von einer dünneren Kunststoffwandung verschlossen sind. Man kann sie ohne Schwierigkeit durchstoßen und in die Verschraubungen Muffen einsetzen, in die entweder das Kabel mit einem Quetschstück eingeführt wird oder die später mit knetbarer Isoliermasse wasserdicht verschlossen werden.

Lötverbindungen sollten an Bord vermieden werden, besser sind Quetschverbindungen, etwa mit der Super Champ Zange der Deutschen Amp Gesellschaft. Verbindungen von Leitungen und Anbringen von Kabelschuhen ist damit auch in See eine Sache von Minuten.

Es gibt auch Verteilerdosen aus halbdurchsichtigem PVC-Material, bei denen man die Einführungen, die als Ausbuchtungen vorgeformt sind, aufschneidet. Die Leitungen lassen sich sehr gut abschließend in die Öffnungen einführen.

Vor der praktischen Verkabelung muß ein *Schaltplan* vorhanden sein, der alle Stromkreise an Bord enthält, auch die Schaltung der *Schalttafel* mit ihren Sicherungen, Anzeigeinstrumenten und Schaltern. Natürlich kann man auf eine Schalttafel verzichten und nur die Sicherungen an einer gut zugänglichen Stelle anbringen. aber es hat viel für sich, wenn alle elektrischen Kontrollen und Schaltmöglichkeiten an einer Stelle übersichtlich zusammengefaßt werden. Ausgenommen bleibt nur das elektrische System der Hilfsmaschine.

Neben dem Schaltplan der elektrischen Bordanlage suche man sich für jedes elektrische und elektronische Gerät, das an Bord eingebaut ist, einen Schaltplan zu verschaffen. Selbst wenn man selbst damit nichts anfangen kann – der Reparateur im Ausland wird dafür dankbar sein!

Es ist zweckmäßig, die Stromverbraucher in Gruppen zusammenzufassen. Jeder dieser Gruppen wird ein eigener Stromkreis und eine eigene Sicherung zugeordnet. Eine solche Einteilung wäre zum Beispiel:

Positionslaternen I (Seitenlampen, Hecklaterne)
Positionslaternen II (Dampferlicht)
Topplicht
Salingslampen
Beleuchtung Backbord
Beleuchtung Steuerbord
Instrumente, Echolot
Kompaß
Radiogerät
Nebelhorn, Scheinwerfer
Pumpen, Decksmaschinen

Die Trennung der Stromkreise unter Deck in einen Bb- und einen Stb-Kreis sorgt dafür, daß man bei einem Defekt nicht völlig im Dunkeln sitzt. Der Kompaß sollte einen eigenen Stromkreis haben, weil es höchst unangenehm ist, bei einem kleinen Defekt in einem unwichtigen Instrument keinen Kurs mehr steuern zu können.
Auf jeden Fall sollte man die normale Innenbeleuchtung im Schiff von den Navigationslampen trennen, die einen eigenen Stromkreis erhalten müssen. Die Leitung zum Mast kann man in einem Leitungsstrang verlegen, wobei die vier Anschlüsse in einem Verteiler an der Kajütsdecke dicht neben dem Mastfuß enden, von hier werden sie mit einer vieradrigen Litze zum Mast geführt. In gebauten Masten wird meist ein entsprechendes Kabel eingelegt, das später, wenn der Mast verleimt ist, unzugänglich ist. In älteren Masten sind dies Gummilitzen, deren Gummiisolation meist im Laufe der Jahre schadhaft und brüchig geworden ist. Dann hilft nichts als das Hochziehen einer neuen Leitung an der Außenseite des Mastes, am besten dicht neben der Mastschiene. Besser ist natürlich, wenn schon beim Bau darauf geachtet wird, daß die Werft Neoprene-Leitung nimmt. Von selbst geschieht dies sicher nicht! Die billigere Gummileitung geht mit tödlicher Sicherheit in wenigen Jahren durch Brüchigwerden kaputt.

Schalttafeln und Bordnetzverteiler

Zwischen der Stromquelle, der Bordbatterie und den zu den einzelnen Verbrauchern führenden Leitungen braucht man einen Verteiler. Dieser kann aus einer einzigen Schalttafel bestehen oder aus sogenannten Bordnetzverteilern, die auch nach dem Baukastenprinzip aneinandergereiht sein können. Hier sorgen Schaltautomaten für den Schutz der Leitungen und dafür, daß keine Überlastung mit Erhitzung oder Durchglühen vorkommen kann. Beides würde die Gefahr von Bränden an meist versteckten und unzugänglichen Stellen heraufbeschwören. Die Sicherungsautomaten sollten dabei zweierlei Art sein. Sie sollten langandauernde Überströme durch thermische Auslösung abschalten, bei Kurzschlüssen sollten solche mit magnetischer Auslösung die Schnellabschaltung übernehmen. Schmelzsicherungen sind, soweit nicht in geschlossenen Röhrchen, auf alle Fälle ungeeignet und sogar gefährlich. Man darf also keine Kfz-Sicherungen verwenden!
Der erste Schritt bei der Projektierung einer Bordanlage ist eine Installationsliste. In sie trägt man alle Beleuchtungsstellen und alle anderen Stromverbraucher ein. Ein Muster zeigt die Abb. 20. Für jeden Verbraucher setzt man dann die Leistung in Watt und den Strom in Ampere ein. Man beginnt mit den für die Sicherheit wichtigsten Stellen, den Navigationslichtern, der Kompaßbeleuchtung und dem Echolot. Bei diesen Verbrauchern werden viele nachts ständig eingeschaltet sein, und man kann den Verbrauch mühelos berechnen. Für die Navigationslichter und den Kompaß wären das 85 W für die Lichter (laut Vorschrift) und 5 W für den Kompaß, d. h. 90 W. (Das Dampferlicht braucht an sich nicht berücksichtigt zu werden, denn wenn es eingeschaltet wird, läuft ja die Maschine und liefert Strom!)
Etwas Leistung muß auch installiert werden für Echolot, Salinglicht, Windmeßanlage. Insgesamt kommt man so auf 160 Watt, die aber natürlich nicht ständig gebraucht werden. Navigationslichter z. B. werden im Sommer nur an 6–7 Stunden eingeschaltet, die Salingbeleuchtung nur wenige Minuten, so daß der Leistungsbedarf effektiv etwa 100 Watt beträgt.
Die 2. Installationsgruppe ist der Unter-Deck-Stromkreis. Hier geschieht die Einspeisung von einer bestimmten Schiffsgröße an am besten in Gruppen, z. B. als Stromkreise für Backbord, Steuerbord, Vorschiff.

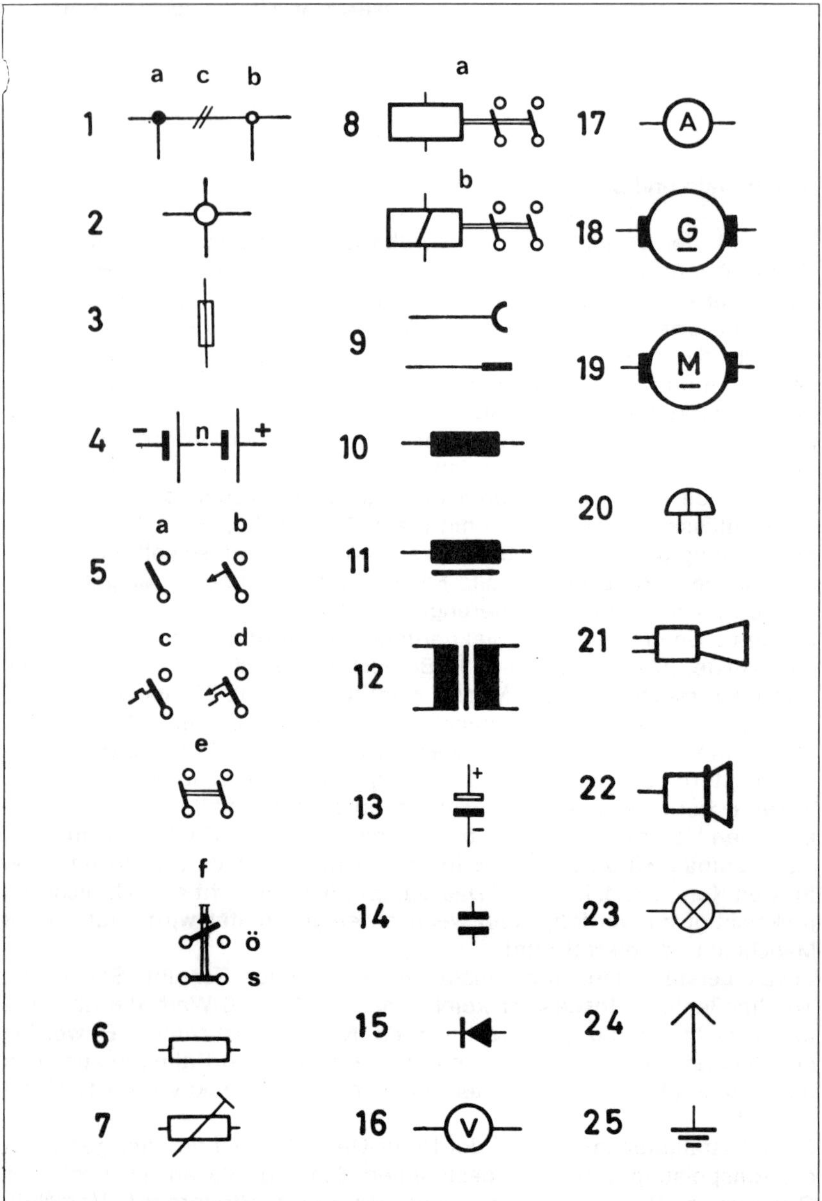

1 a c b
2
3
4 – n +
5 a b c d e f ö s
6
7
8 a b
9
10
11
12
13 + –
14
15
16 V
17 A
18 G
19 M
20
21
22
23
24
25

◀ *Abb. 19 Die wichtigsten Symbole in Schaltbildern (nach DIN)*

1a feste Leitungsverbindung oder feste Abzweigung
1b Symbol für die Anzahl der Leiter eines Kabels oder einer Leitung
1c lösbare Verbindung (Klemmenschraube)

2 Verteilerdose, in der Regel mehrpolig
3 Schmelzsicherung (z. B. mit Bez.: 6.3 A = Nennabschaltstrom)
4 Batterie mit Einzelzellen

5a Schalter, allgemein
5b Schalter mit elektromagnetischer Auslösung (Kurzschlußschnellabschaltung)
5c Schalter mit thermischer Auslösung für langandauernde Überströme > 1,2 x Innen; thermische Auslöser, auch als Bimetallauslöser bekannt, beanspruchen stets einen Kurzschlußschutz
5d Schalter mit magnetischer und thermischer Auslösung
5e Zweipoliger Schalter. Die Schaltglieder sind mechanisch verbunden. (Auch mit einem einpoligen Schalter mit 2 Querstrichen wie bei 1 darstellbar.)
5f Kontaktanordnung eines Schalters mit Öffner (Ruhekontakt) und mit Schließer (Arbeitskontakt)

6 Widerstand, genauer Ohmscher Widerstand, z. B. Heizwiderstand
7 Widerstand wie 6, jedoch fest einstellbar, nicht variabel. Variable Einstellung wird durch Pfeil dargestellt

8a Zweipoliges Schütz oder Relais, elektromagnetisch betätigt
8b Zweipoliges Schütz elektromagnetisch betätigt

9 Steckvorrichtung
10 Induktiver Widerstand (Drosselspule)
11 Drosselspule mit Eisenkern
12 Einphasentransformator
13 Elektrolytkondensator
14 Kondensator ohne Polarität
15 Gleichrichter
16 Spannungsmesser (Volt)

17 Strommesser (Ampere)
18 Gleichstromgenerator (Wechselstrom G; Drehstrom G)
19 Gleichstrommotor (Wechselstrom M)
20 Summer (elektromagnetisch)
21 Hupe
22 Lautsprecher
23 Leuchte, Kontroll-Leuchte
24 Antenne
25 Erde (= Masse)

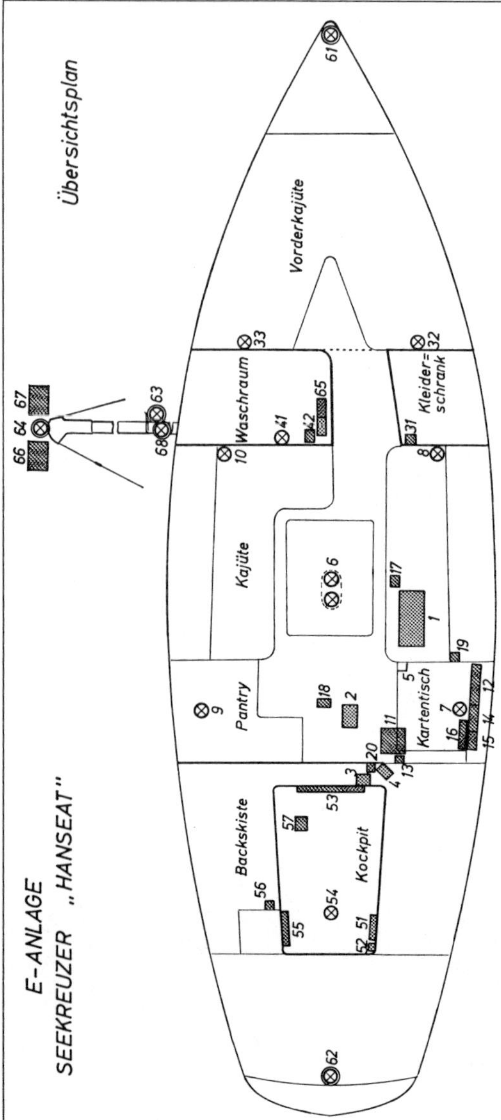

Die Ziffern bezeichnen
die Verbrauchsstellen

1 Bordnetzbatterie
2 Licht-Anlasser
3 Reglerschalter
4 Sicherungen
5 Batterie-Hauptschalter
6 Deckenleuchte
7 Kartentischleuchte
8 Eckleuchte
9 Pantryleuchte
10 Eckleuchte
11 Funkpeiler
12 Funkpeilempfänger
13 Achterstag-Antenne
14 Echolot
15 Fahrtmeßanlage (Log)
16 Prüfschalttafel
17 Batterie-Steckdose
18 Motordrehzahlgeber
19 Steckdose
20 Schalter für Salingleuchte
21 Motor-Kühlwasser-
temperatur
22 Öldruckwächter
31 Erdungsschalter
für Wanten
32 Kojenleuchte
33 Kojenleuchte
44 Waschraumleuchte
42 Fahrtmeßgeber
51 Motor-Instrumente
52 Morsetastschalter für
Topplampe
53 Armaturenbrett
54 Kompaßbeleuchtung
55 Windmeßempfänger
56 Beleuchtung
für Windmesser
57 Echolot
61 Buglaterne grün/rot
62 Hecklaterne
63 Dampferlaterne
64 Topplampe
65 Steckdosen für
Mastarmaturen
66 Windrichtungsgeber
67 Windstärkegeber
68 Salingsleuchte

Abb. 19a Das Schaltbild der elektrischen Anlage eines Seekreuzers vom Typ „Hanseat" ist ein Beispiel für eine gut durchdachte Stromführung auf einer Segelyacht mittlerer Größe.

Dies hat vor allem den Vorteil, daß bei einem Defekt nicht das ganze Schiff unter Deck stockdunkel ist, man also bei der restlichen Beleuchtung noch etwas sehen kann. Sehr zweckmäßig ist, Räume, die schwer zugänglich sind, auch wenn sie nur eine Leuchte haben, von der Hauptverteilung aus ein- und ausschalten zu können. Der Verteiler II in unserem Beispiel hat die empfohlenen Aufteilungen vorgenommen. Wieviel Watt jeweils gleichzeitig beansprucht werden und wieviel Wattstunden im Laufe eines Tages aus der Batterie entnommen werden, ist eine Sache der Lebensgewohnheiten und der Selbstdisziplin, mit der Leuchten sofort nach Gebrauch wieder ausgeschaltet werden. Der eine Skipper steht ständig an der Karte, die andere Freiwache möchte vielleicht noch eine Runde Skat dreschen. Daher ist es immer gut, ein paar Ah mehr im Kasten zu haben, als sich streng rechnerisch ergibt.
Natürlich hat auch der Germanische Lloyd dazu etwas zu sagen. Danach heißt es: . . . eine Versorgung für mindestens 8 Stunden muß gewährleistet sein . . . und: . . . die Leistung der Zündanlage bei Ottomotoren ist zu berücksichtigen. Grundsätzlich wird eine getrennte Batterie zum Anlassen des Motors empfohlen.
Die „Hanseat“ ist mit zwei Batterien laut GL-Empfehlung ausgerüstet. Jede ist mit einem Sicherungsautomaten (vorzugsweise Ellensberger & Poensgen ETA) gegen Kurzschluß und langandauernde Überströme gesichert. Pos. 3 ist der Hauptschalter, der hier auch die Funktion eines Batteriewahlschalters übernimmt. Man kann damit eine Starterbatterie, die schwach auf der Brust ist, durch Parallelschalten der Bordnetzbatterie I unterstützen. Der Batteriewahlschalter muß so beschaffen sein, daß evtl. Drehstromdioden der Lichtmaschine zu keiner Zeit von der Batterie getrennt sind, da sonst die Dioden durchschmelzen.
Jeder Seesegler hält sich eine Starterbatterie stets voll einsatzbereit (abgesehen von der letzten Reserve eines Ladeaggregates!)
Pos. 4: Der Motorenbereich ist mit allen seinen elektrischen Einrichtungen ein Feld. Der Hersteller des Motors hat diesen Teil fix und fertig zur Verfügung gestellt und wir rühren nicht daran.
Jeder Bordnetzverteiler sollte Meßinstrumente vorsehen, sobald es sich um ein größeres Boot handelt. Der Strommesser kann ein Instrument mit mittlerer Nullage sein, mit dem sowohl die Ladung wie die Entladung kontrollierbar ist. Ganz einfache Dreheiseninstrumente genügen. Beim Voltmeter sind sehr schön Instrumente, bei der mit einer Zener-

Installationsliste der E-Anlage des Schaltplanes des Seekreuzers „Hanseat"

Bordspannung: 12 V — Angebot, Auftrag: Seekreuzer „Hanseat"

Lfd. Nr.	Vert. Nr.	Vert. Pos.	Funktionsteil	N (W)	Ah	Bem.
1	61	1	Positionslichter b Stb. (2x25 + 10)	60	35	Verteiler I max. 9 Schaltelemente über Deck
2	62	2	Positionslichter Heck	10	6	
3	63	3	Positionslichter Dampfer	25	8	
4	—	4	Salinglicht 2x20	40	1	
5	64	5	Topplicht	10	—	
6	54	6	Kompaßbeleuchtung	5	3	
7	—	7	Steckdose (Deck, Ankerlicht)	—	—	
8	57	8	Echolot	5	1	
9	66/67	9	Windmeßanlage	5	1	
			Verteiler I, installierte Leistung	160	55	
			Unter-Deck-Beleuchtung Bb			Verteiler II max. 9 Schaltelemente unter Deck
10	9	10	Pantry (Transistorleuchte)	8	2	
11	10	10	Eckleuchte	20	7	
12	33	10	Kojenleuchte	10	3	
13	44	10	Waschraumleuchte (Transistorleuchte)	8	1	
			Unter-Deck-Beleuchtung Stb			
14	6	11	Deckenleuchte 2x10 W	20	2	
15	7	11	Kartentischleuchte	10	7	
16	8	11	Eckleuchte	20	3	
17	32	11	Kojenleuchte	10	1	
18	—	12	Lenzpumpe	60	7	
19	15	13	Log	2	3	
20	—	14	Steckdose, unter Deck	—	—	
21	53	15	Instrumentenbeleuchtung	10	7	
22	—	16	Vorschiffbeleuchtung, 2x10 W	20	3	
—	—	17	Reserve			
—	—	18	Reserve			
			Verteiler II, installierte Leistung	198	46	
			Funkgeräte-Anschlußverteiler			Verteiler III Bordfunk
		19	Grenzwellensender	190	—	
	11	20	Funkpeil-Empfänger	6	3	
			Verteiler III, installierte Leistung		13	

Gesamt Ah für 7-stündige Nachtfahrt ca. 104 Ah
Batteriekapazität mindestens 120 Ah (nach GL)

Abb. 20 Die Installationsliste ist der erste Schritt beim Bau eines elektrischen Bordnetzes. Die Spalte 2: „Vert. Nr." bezieht sich auf die Abb. 19a, die Spalte 3 „Vert. Pos." auf die Abb. 20a mit den Anschlüssen im Bordnetzverteiler.

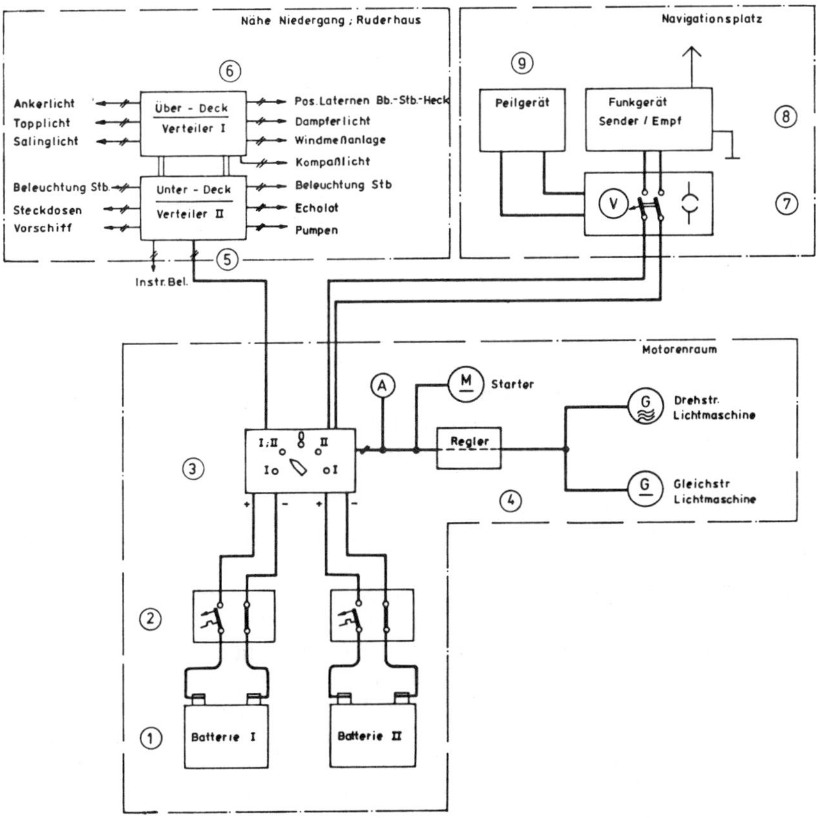

Abb. 20a Die Abb. zeigt das Blockschaltbild des Seekreuzers Hanseat in schematischer Darstellung. Die Positionsziffern erscheinen in der Installationsliste (Abb. 20) und werden im Text erläutert. Der Batterieumschalter darf – abweichend von der Zeichnung – keine Nullstellung haben!

diode ein Teil der Spannung unterdrückt wird. Man kann dadurch kleinere Differenzen ablesen.
Pos. 5 und 6 sind die Bordnetzverteiler, hier in der Baukasten-Unterteilung dargestellt. Sie sind heute handelsüblich erhältlich, so daß ein Werftbau oder ein Selbstbau sich erübrigt. In Deutschland sind es zwei Fabrikate, die solche Verteiler liefern. Die Firma Reuter electronic stellt einfache Kästen mit Schalter und Sicherungen, wie auch Geräte mit geschlossenem Gehäuse, die mit Sicherungsautomaten bestückt sind, her.
Die Beier-Bordnetzverteiler sind nach dem Baukastenprinzip konstruiert. Sie haben sich ausgezeichnet bewährt. Es stehen drei Baugrößen zur Verfügung mit Sicherungsautomaten, die gleichzeitig als Schalter fungieren, wahlweise BBC-Stotz S 161 oder ETA 5200. Im Yachtbau werden vorzugsweise die steckbaren ETA-Automaten verwendet. Die Nennstromstärken dieser Schalter sind im Regelfall 8-15-20 oder 25 A; eingebaut werden jeweils 4, 8 oder 11. Sämtliche Verteiler können allseitig angereiht werden. Die aus schwerentflammbarem Hart-PVC hergestellten Verteiler sind vom Germanischen Lloyd zugelassen. In den Verteilern können auf einfache Weise Kontroll-Leuchten, Kompaßverdunklungseinrichtungen, Steckvorrichtungen und Meßinstrumente eingebaut werden. Das Schaltbild eines listenmäßigen Verteilers siehe Abb. 20 b. (Lieferung der Beier-Verteiler: Firma A. W. Niemeyer, Hamburg.)
Bei der Verkabelung wird grundsätzlich die genormte Farbe rot für den Pluspol, blau für den Minuspol gewählt. Bei mehradrigen Zuführungen, z. B. zum Mastverteiler, sollte die Farbe der Ader und der angeschlossene Stromverbraucher auf einer Tafel, die im Inneren der Schalttafel angebracht ist, vermerkt werden, so daß bei einer eventuellen Kurzschlußsuche mit einem Blick zu sehen ist, wohin jede Ader führt. Verläßt man sich auf sein Gedächtnis, so kann es passieren, daß man im Falle eines Kurzschlusses erst einmal stundenlang unnötig herumsuchen muß. Welche Sünden auch von namhaften Werften auf diesem Gebiete gemacht werden, zeigt das Beispiel einer bekannten Yacht, deren rund 250 Kabelleitungen ausnahmslos schwarz und unbezeichnet sind. Es kostete den Eigner eine dreistellige Summe, als einmal ein Kurzschluß zu beseitigen war!
Die Bezeichnung der Leitungen ist beim Bau elektrischer Anlagen eine Selbstverständlichkeit, auch auf Yachten, denn bei Fehlersuche kann

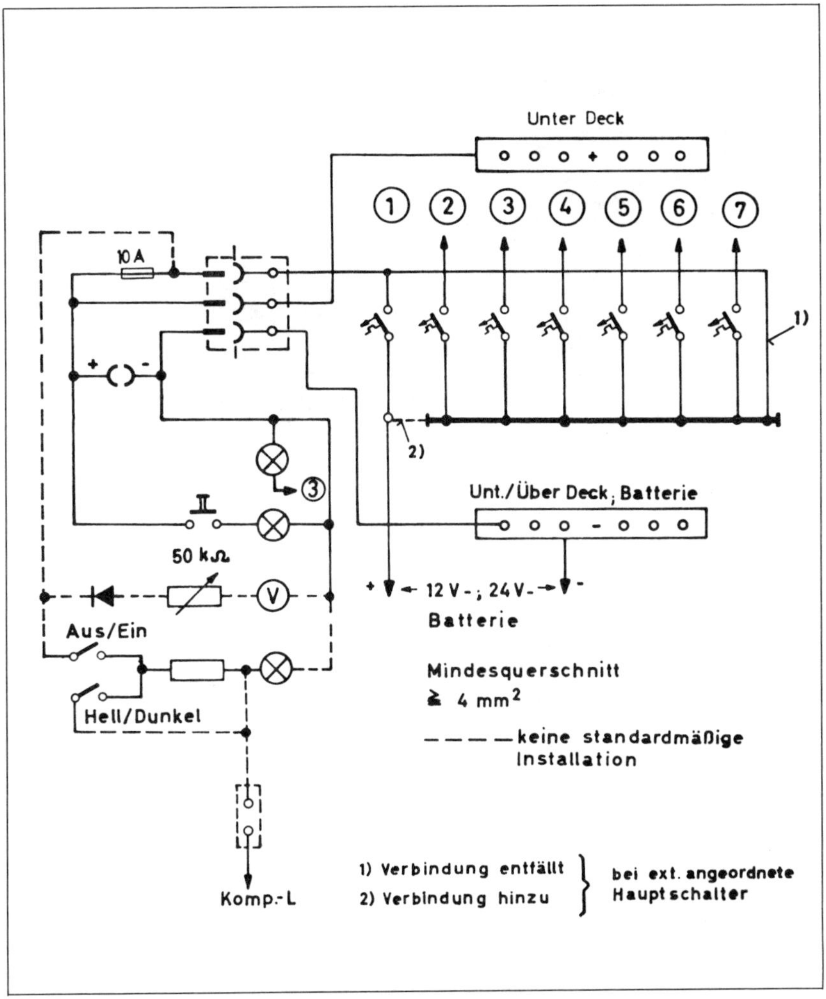

Abb. 20b Schaltschema eines kleinen handelsüblichen Beier-Bordnetzverteilers. Hinsichtlich der Symbole siehe Seite 70.

Abb. 20c Kleinbordnetzverteiler mit vier Leitungsschutzschaltern

mit Schaltplan und gekennzeichneten Leitungen ein Fehler schnell eingekreist werden. Für die Leitungsbezeichnungen gibt es zahlreiche Fabrikate. Das preiswerteste Signierungsmittel sind die selbstklebenden Bezeichnungsbänder von TESA mit jeweils 100 Streifen zu je zehn Zeichen.

Selbstbau von Schalttafeln ist für einen geschickten Bastler möglich. Man beachte:

1. Das beste Material ist Hart-PVC oder ähnliches.
2. Die Schalttafel muß aufklappbar sein, damit man in Sekundenschnelle an das Innere herankommt.
3. Man lasse Platz für spätere Zuschaltung von Stromkreisen oder baue gleich Reserveschalter und Sicherungen ein.
4. Man zeichne das Schaltdiagramm und halte es griffbereit.
5. Jede Batterie sollte ein eigenes Voltmeter erhalten, um den Ladezustand ablesen zu können.

Die Stromverbraucher

Der Hilfsmotor

Der Hilfsmotor ist nicht nur eine Energiequelle für den Stromgenerator, sondern auch ein Stromverbraucher. Strom aus der Bordbatterie entnimmt der Anlasser – sogar sehr viel Strom, bis zu 1000 Ampere und mehr – und bei Otto-Motoren auch die Zündanlage.
Der *Anlasser* ist ein Motor von einigen Pferdestärken, der als Hauptstrommotor zu Beginn des Drehens erheblichen Strombedarf hat, und zwar etwa 3000 Watt pro PS. Der anfängliche Kurzschlußstrom bei einem 6-PS-Anlasser für 24 Volt beträgt 750 A, bei 6 Volt wäre der notwendige Strom das Vierfache = 3000 A! Hierbei müßte der Leitungsquerschnitt zum Anlasser sogar 16mal größer sein als bei 24 Volt! Anlasser für größere Hilfsmotore sind also meist für 12 oder 24 Volt ausgelegt, und die Batterien müssen eine bestimmte Mindestkapazität besitzen. Den Grund haben wir schon im Kapitel über die Stromspeicher kennengelernt: bei zu kleinen Batterien würden sich die Platten durchbiegen. Da ein Anlaßvorgang nur wenige Sekunden dauert und die Anlaßströme mit wachsender Drehzahl des Anlassers schnell absinken, sind die Stromentnahmen gar nicht übermäßig groß. Trotzdem muß die Batterie ausreichend geladen sein und eine ausreichende Spannung haben, damit der Anlasser richtig durchzieht. An Bord auftretende Anlaßstörungen nichtmechanischer Art dürften meist darauf zurückzuführen sein, daß die Batterie nicht ausreicht. Man kontrolliere bei Störungen den Ladezustand der Batterie, den Zustand der Batterieklemmen (eine Salzkruste deutet auf schlechten Kontakt!) und die einwandfreie Erdung durch das Masseband am Motorfundament.

Die Zündanlage

Otto-Motore benötigen Strom, der über den Unterbrecher in der Zündspule Hochspannung zur Funkenbildung an den Kerzen induziert. Ein kleiner Otto-Motor benötigt dafür etwa 25 Watt.

Jeder Autofahrer kennt die Mucken der *Zündanlage* und wird auch an Bord in der Lage sein, die richtigen Maßnahmen zu treffen:

Prüfung der Unterbrecherkontakte
Prüfung der Kontakte an den Zündkerzen
Prüfung, ob ausreichende Zündspannung erzeugt wird durch Inaugenscheinnahme des Funkens bei der „Schraubenzieherprobe“ oder besser das Aufleuchten des Zündprüfers.

Ein *Zündprüfer* ist ein kleines und preiswertes Gerät, in dem eine Glimmlampe der Stärke der Zündspannung entsprechend mehr oder weniger stark aufleuchtet. Einen ähnlichen Spannungsprüfer mit Glimmlampe gibt es auch für die an Bord gebräuchlichen Batteriespannungen, es ist dies ein zur Kurzschlußsuche außerordentlich nützliches Gerät, das für wenige Mark an Tankstellen erhältlich ist.
Bei nicht einwandfreier Zündung ist zunächst ebenfalls die Batteriespannung zu überprüfen, sodann sollten die Leitungen im Niederspannungsteil der Zündanlage und zum Schluß die Kabel auf der Hochspannungsseite der Zündspule untersucht werden. Manchmal ist ein geringfügig aus seiner Klemme herausgerutschtes Zündkabel die Ursache der Störung, meist sind aber die Zündkerzen die Übeltäter. Dazu muß man wissen, wie einwandfreie Zündkerzen aussehen sollten.
Zündkerzen enthalten einen hakenförmigen Kontakt, von dem aus der Funke auf den Massekontakt überspringt. Die beiden Kontakte sind durch eine keramische Isolation getrennt. Bei einer neuen Zündkerze ist der Abstand der beiden Kontakte ca. 0,7–0,8 mm. Im Betrieb nutzen sich die Elektroden ab, weil Metall verdampft, und die Zündspannung, die normalerweise 4000 bis 7000 Volt beträgt, muß dann entsprechend größer sein, um einen gleichen Funken zu erzeugen.
Bei normalem Fahrbetrieb sollten die Kerzen bei der jährlichen Überholung durch neue ersetzt werden. Nur im Notfall kann der Abstand der Zündelektrode durch vorsichtiges Biegen etwas verkleinert werden.
Andere Fehler an der Zündkerze, Verölung, grüne und schwarze sowie metallene Ablagerungen, Verbrennung der Elektroden, Verbrennungsspuren an der Isolation, haben keine elektrische Ursache, sondern sind auf falsche Zündzeitpunkteinstellung, falsches Brennstoffgemisch, vor allem im Leerlauf, Überhitzung durch zu fettes Gemisch u. ä. Ursachen zurückzuführen.

Viele Otto-Motore haben heute eine sogenannte *Transistorzündung,* die den Vorteil hat, ohne mechanisch bewegte Kontakte zu arbeiten. Die Aufeinanderfolge von Zündfunken kann daher größer sein als bei der Erzeugung der Induktionsimpulse durch Öffnen der Unterbrecherkontakte.

Betriebsstundenzähler

Eine Überwachung des Motors und Getriebes und das Einhalten der richtigen Abstände zwischen Ölwechseln macht es erforderlich, die Laufzeiten des Motors genau zu erfassen. Allein aus Logbucheintragungen ist das zwar möglich, aber lästig. Ein bequemes Hilfsmittel ist ein *Betriebsstundenzähler.* Es gibt heute ausschließlich Typen, die nach Art eines elektronischen Uhrwerks arbeiten. Sobald der Strom für den Motorbetrieb eingeschaltet wird, setzt sich dieses Uhrwerk in Bewegung. Die Minuten werden meist mit einem Zeiger angezeigt, die Stunden digital wie die Kilometer in einem Tachometer.

Weitere Instrumente zur Motorkontrolle überwachen:

Kühlwassertemperatur
Öltemperatur
Öldruck
Drehzahl

Motorüberwachung und Auslösung eines Alarms bei Störungen erfolgen auf elektronischem Wege. Näheres darüber im Band „Elektronik auf Yachten", Kleine Yachtbücherei Nr. 53.

Die Lichtquellen an Bord

Die Positionslampen

Ein außerordentlich wichtiges Kapitel der Bordtechnik ist die vorschriftsmäßige Anordnung der Lichtquellen für die von der Seestraßenordnung vorgeschriebenen Lichter, darüber hinaus aber auch die zweckmäßige Anordnung der Beleuchtungseinrichtungen über und unter Deck.

Die Seestraßenordnung (SeeStrO) schreibt für Schiffe und Boote jeder Größe, Art und Bestimmung zwingend vor, wann und wo auf ihnen feste Lichter geführt werden müssen, welche Farben diese Lichter haben und welche Sektoren, von der Mittschiffslinie aus gesehen, diese Lichter bestreichen müssen. Die gesetzlichen Bestimmungen schreiben weiterhin gewisse Mindestlichtstärken (ausgedrückt in Sichtweiten) vor und fordern, daß die Lichtquellen auf richtige Lichtbündelung und Lichtfarbe geprüft worden sind, sie schreiben sogar vor, daß die Atteste darüber ständig an Bord sein müssen.
Die von der SeeStrO vorgeschriebenen Lichter, die auch auf Yachten zu führen sind, umfassen:

1. Die *Seiten-* oder *Positionslichter.* So eingerichtet, daß das Licht von recht voraus bis 112,5 Grad nach jeder Seite ununterbrochen sichtbar ist, rot an Bb., grün an Stb., sichtbar mindestens 2 sm weit.
2. Das *Dampferlicht,* weiß, ununterbrochen sichtbar über einen Bogen von 225 Grad, sichtbar mindestens 5 sm.
3. Das *Hecklicht,* weiß, möglichst auf gleicher Höhe wie die Seitenlichter, sichtbar über einen Bogen von 135 Grad, mindestens 2 sm weit.

Fahrzeuge unter 19,80 m Länge brauchen nur Dampferlichter zu führen, die 3 sm weit sichtbar sind und Seitenlichter, die nur 1 sm weit sichtbar sind, nach der SeeSchStrO 2 sm.
Die Vorschriften hinsichtlich Sichtweite sind das, was uns in dem Zusammenhang dieses Buches interessiert, da die vorgeschriebenen Sichtweiten nur erreicht werden, wenn die Lampen entsprechend konstruiert sind und wenn die Lichtquellen sich an ganz genau definierter Stelle befinden und eine bestimmte Lichtstärke haben.
Von den lichttechnischen Größen würde uns in diesem Zusammenhang nur die Lichtstärke interessieren, die in Candela-Einheiten gemessen wird und durch das Symbol I ausgedrückt wird. Da aber die gesetzlichen Vorschriften von Sichtweite in Seemeilen sprechen und diese Sichtweite außerordentlich stark von Wetterbedingungen, Luftfeuchtigkeit, Sichtigkeit, Regen usw. abhängig ist, und die Lichttemperatur, also die Temperatur des Glühfadens der elektrischen Glühlampe, bei

der Sichtweite ebenfalls eine erhebliche Rolle spielt, hat man empirisch die Forderung erhoben, daß Glühlampen für die Seitenlampen und das Dampferlicht 25 Watt haben müssen, für das Hecklicht 10 Watt. Besser wären gerade hier 25 Watt. Dies ist die Vorschrift des Germanischen Lloyd. Für die Binnengewässer erfüllen die Forderungen nach einem „hellen weißen Licht“ 10-Watt-Glühlampen, nach einem „gewöhnlichen weißen Licht“ 5 Watt, nach „gewöhnlichen grünem und rotem Licht“ 10 Watt. Zu verwenden sind nur Spezialglühlampen mit der Sockelprägung ZP (zugelassen für Positionslaternen). Allein schon im Interesse der Sicherheit sollte durch ausreichende Dimensionierung der Lichtquellen dafür Sorge getragen werden, daß die Sichtweite größer ist als das gesetzliche Minimum.

Die für kleine Yachten zugelassene Zweifarbenlaterne und das Hecklicht verbrauchen zusammen 35 W. Für „Rot über Grün“ im Topp ist dann meist kein Saft mehr übrig. Zu diesen 35 Ah für eine Sommernacht in See kommen die aus Sicherheitsgründen notwendigen Ah für achtfachen Motorstart innerhalb von 30 Minuten (nach Vorschrift GL).

Die alten am Bug angebrachten Positionslampen im Kleinformat waren für Kugelbirnen von 15 Watt eingerichtet, sie entsprechen nicht den Forderungen auf Sichtweite.

Für Maschinenfahrzeuge (also auch Segelboote, wenn sie mit Motor fahren) von mehr als 12 m sind erforderlich: Sichtweiten von 5 sm für das Topplicht („Dampferlaterne“), 2 sm für Seitenlichter und Hecklicht. Zwischen 7 und 12 m entsprechend 2,1 und 2 sm.

Die Positionslampen mit Gürtellinsen sind für Segelfahrzeuge verboten worden, weil die Sichtweite beim Überliegen rapide abfällt.

Für Boote unter 12 m kommt auch die sog. „Dreifaltigkeitslampe“ in Frage, bei der 25 W für die voraus scheinenden roten und grünen Lichter und das Hecklicht ausreichen.

Beim Ankern muß ein rundumscheinendes Ankerlicht gezeigt werden. Zwar reichen 10 W hierfür aus, aber viele Leute scheuen die Batteriebelastung mit über 10 Ah für eine Nacht. In diesem Fall hilft ein Ankerlichtschalter, der das Licht bei Dämmerung selbsttätig ausschaltet. Eine Bauanleitung dafür findet sich im Buch „Elektronik auf Yachten“ (Kleine Yachtbücherei Nr. 53).

Ein wichtiger Punkt, auf den man achten sollte, ist die leichte Auswechselbarkeit der Glühlampen in den Laternen.

Zusätzliche Lichtquellen über Deck

Salingslampen

Außerordentlich nützlich ist eine im Mast – meist unter der Saling – angebrachte Lichtquelle, die eingeschaltet das Deck beleuchtet und das Segelbergen und andere Arbeiten bei Dunkelheit sehr erleichtert. Meist werden diese Lichtquellen an beiden Seiten der Saling angebracht, es sind unten offene konische Glocken aus Kupfer oder Messing, an deren oberem Ende eine Fassung für eine zweipolige Kugellampe angebracht ist. Die Zuführung des Stroms erfolgt meist von oben durch eine Bohrung in der Saling, so daß die Leitung weniger sichtbar ist. Bei der Anbringung muß darauf geachtet werden, daß die Einführung mit Selastik oder einem ähnlichen Material sehr gut abgedichtet wird, Sickerwasser würde zu schneller Zerstörung der Kontakte führen. Reparaturen an den Salingsleuchten sind unterwegs meist nicht möglich.

Mastlicht

Viele Yachten führen im Mast eine Lichtquelle, die mit einem Druckknopftaster vom Ruder aus eingeschaltet werden kann. Sie kann zur Abgabe von Morsezeichen dienen, hat aber meist die wichtige Funktion, bei Nacht den Stander anzustrahlen und das Segeln nach dem Wind zu erleichtern. Für diesen Zweck braucht das Mastlicht eigentlich nur eine einfache Glaskuppel zu besitzen, die im Handel erhältlichen Typen sind aber meist mit Fresnellinsen ausgestattet. Die Stromzuführung wurde bereits im Abschnitt über Verkabelung erörtert.

Hecklampe

Die Anbringung der Hecklampe macht auf Yachten meist unverhältnismäßig große Schwierigkeiten, weil sie entweder den Rudergänger durch die Reflektion an Stagen oder den Verstrebungen des Heckkorbs blendet oder so tief angebracht ist, daß sie durch auflaufende See nach achtern abgeschirmt wird. Auch die Hecklampe sollte eine Fresnellinse enthalten und mit einer 15-Watt-Glühlampe ausgerüstet sein. Man kann die Hecklampe an der Heckreling anbringen, sofern eine solche vorhanden

ist, oder an einer aus V 2 A gefertigten Halterung, die in eine Schelle am Achtersteven eingeschoben wird und durch eine Schraube gegen Herausfallen gesichert wird. Auch im Achterstag kann die Hecklampe gefahren werden, sie muß dann aber durch eine geeignete Halterung gegen Verdrehen gesichert werden.
Ein Sorgenkind ist die elektrische Verbindung der Hecklampe mit dem Bordnetz. Steckkupplungen sind meist bereits nach einigen Tagen durch das ständige Eindringen von überkommendem Salzwasser so stark oxydiert, daß die Lampenhelligkeit stark reduziert ist. Besser ist es, die Hecklampe fest zu fahren und fest an ein durch eine Bohrung im Deck geführtes Kabel anzuschließen. Eine solche Bohrung kann mit Selastik leicht wasserdicht gemacht werden.
Die Hecklaterne muß mit einer 10 W Glühbirne ausgestattet sein, besser wäre gerade hier eine 25 W Birne.

Kompaßbeleuchtung

Die Kompaßbeleuchtung muß auf alle Fälle so angebracht werden, daß der Rudergänger nicht geblendet wird. Am einfachsten ist das gelöst bei den Yachtkompassen, die durch eine transparente Platte im Boden von unten beleuchtet werden können. Eine 5-Watt-Kugelbirne reicht aus, zweckmäßigerweise sieht man eine Abdunkelungsmöglichkeit über einen Drehwiderstand vor. Der Widerstand darf nicht in Kompaßnähe angebracht werden, weil er als Induktionsspule wirkt und den Kompaß ablenkt. Aus diesem Grunde müssen auch, wie schon erwähnt, die Zuleitungen zur Kompaßbeleuchtung verdrillt werden.

Die Beleuchtung unter Deck und im Deckshaus

Unter Deck sollte man sich auf elektrische Beleuchtung an den Stellen beschränken, wo sie notwendig ist. Je mehr Lichtquellen vorhanden sind, um so mehr verführen sie auch zum Einschalten und um so mehr wird die Batterie beansprucht. Andererseits sollte man elektrische Beleuchtung überall dort vorsehen, wo sie bei Dunkelheit das Arbeiten erleichtert und damit die Sicherheit erhöht, z. B. in der Maschine, in der Segellast und über dem Kartentisch.

Beleuchtung des Kartentisches

Am besten haben sich Lampen an schwenkbaren Armen bewährt, weil sie in einer Ecke angebracht werden können, bei Tage nicht stören, und bei Dunkelheit so gedreht werden können, daß sie ihr Licht blendungsfrei auf den begrenzten Raum der Karte werfen. Wer ganz fortschrittlich sein will, baut sich eine solche Lampe so um, daß er wahlweise weißes – abdunkelbares – Licht hat oder Rotlicht, das die Dunkeladaption des Auges nicht beeinträchtigt. Man kann damit auf der Karte etwas nachsehen, ohne in den nächsten 15 bis 25 Minuten außerstande zu sein, die Augen volladaptiert zu gebrauchen.
Natürlich kann man mit rotem Licht keine roten Eindrucke in der Seekarte erkennen! In den USA hat man sogar eigens Karten für den Gebrauch bei Rotlicht herausgebracht.

Kajütbeleuchtung

Zweckmäßig ist eine Unterteilung der Beleuchtung in Oberbeleuchtung und Kojenleuchten.
Für das Deckenlicht wähle man die im Handel erhältlichen flachen Schalenlampen mit mattierten Plexiglaskuppeln. Diese Lampen sind erhältlich mit einer oder zwei Fassungen und Druckschaltern zum Ausschalten an der Lampe selbst. Eine einigermaßen helle und wohnliche Beleuchtung der Kajüte ist mit einem solchen Deckenlicht allerdings nicht zu erreichen, obwohl zwei 15-Watt-Kugellampen unsere Wattbilanz schon ziemlich stark strapazieren. Aus diesem Grunde sollte man sich beim Deckenlicht ruhig auf eine Lichtleistung beschränken, die zur Orientierung ausreicht, eine *helle* Beleuchtung sehe man nur über dem Arbeitsplatz in der Kombüse beziehungsweise Kombüsenecke vor, ebenso wie auch über dem Waschbecken. Über den Kajüttisch hänge man lieber eine Petroleumlampe, entweder eine vom klassischen Typ oder eine moderne Glühstrumpflampe. Solche Lampen werden mit Druckkesseln geliefert, aus dem das Petroleum wie bei einem Primuskocher in einen Vergaser unter den Glühstrumpf gedrückt wird. Der Nachteil dieser überaus hellen Lampe ist nur ihr Geräusch. Eine andere Ausführung (Aladdin-Lampe, ein englisches Fabrikat) arbeitet dagegen mit Docht und einem Glühstrumpf. Sie gibt ein sehr angenehmes helles

Licht, das stundenlang brennen kann, ohne daß den Skipper Gewissensbisse befallen.
Keine der auf kleinen Yachten üblichen Batterien reicht auf die Dauer aus, um in der Kajüte eine Lichtfülle zu erzeugen, welche die Petroleumlampe spendet!

Kojenbeleuchtung

Sehr angenehm sind die kleinen Leselampen mit drehbaren Schirmen aus verchromtem Messing oder eloxiertem Aluminium, in denen eine 5-Watt-Birne ausreicht, um in 50 cm Abstand zu lesen.

Leuchtröhren an Bord

Eine neue Entwicklung, die sich langsam auch auf Yachten einbürgert, sind die hellen Leuchtstofflampen, die gegenüber Glühlampen mit einem Drittel oder sogar einem Viertel des Stroms auskommen. Das liegt daran, daß bei Glühlampen 92 % des Stroms als Wärme verlorengehen, Leuchtröhren brennen nahezu kalt.
Ein weiterer Vorteil der Leuchtröhren ist ihre Unempfindlichkeit gegen Erschütterungen, sie enthalten ja keine empfindlichen Glühfäden, die brechen können. Auch das von ihnen ausgestrahlte Licht ist angenehm, da es sich über die ganze Fläche der Röhre verteilt, ist die Leuchtdichte gering und es erübrigt sich die Anbringung von lichtschluckenden Lampenschirmen.
Die Sache hat nur einen Haken: Leuchtröhren müssen mit Wechselstrom betrieben werden und an Bord haben wir meist nur Gleichstrom zur Verfügung. Wir können also nicht etwa die Haushaltsleuchtröhren verwenden, sondern müssen eine eigene Yachtausführung kaufen, die einen mit Transistoren bestückten Wechselrichter und ein Transformator enthalten, um einen Wechselstrom von ca. 16 kHz zu erzeugen. Diese Bauteile sind in der Fassung gleich eingebaut und sogar wasserdicht vergossen.
Transistorleuchten sind im Handel für 12 V und 24 V Bordspannung erhältlich, bei ihnen ist die Elektronik eingebaut. Es gibt auch Leuchtstäbe, die gegen Stöße geschützt sind. Sie sind ausgezeichnet, wenn man z. B. nachts an der Maschine reparieren muß.

Transistorleuchten sind relativ unempfindlich gegen Unterspannung, sie erscheinen dem Auge bei 9 V noch ebenso hell wie bei 12 V und arbeiten sogar noch, wenn die Spannung auf 6,5 V absinkt. Nur Überspannung mögen sie nicht so gern, mehr als 13 V sollte man ihnen nicht zumuten. Wer also auf seine Wattbilanz Rücksicht nehmen muß, kann selbst die Kajütbeleuchtung elektrisch bewerkstelligen, wenn er zwei oder drei Transistorleuchten an die Decke schraubt.

Beleuchtung im Maschinenraum

Eine Beleuchtung im Maschinenraum stellt eine große Annehmlichkeit dar, wenn laufende Inspektionen und Pflegearbeiten oder auch sonstige Arbeiten an der Maschine notwendig werden.
Sie muß indessen gewissenhaft angebracht werden, um jede dadurch bewirkte Gefahr auszuschließen. Ganz besonders ist das der Fall, wenn die Hilfsmaschine ein Otto-Motor ist. In diesem Fall müssen die Lampengehäuse explosionssicher sein und die Schalter müssen außerhalb des Maschinenraumes liegen.

Die elektrischen Bauteile für das Bordnetz

Fassungen für Niedervoltbirnen gibt es mit Schraubgewinde und Bajonettfassung, letztere wiederum mit einem Mittelpol und zwei Polen, für die zwei Kontaktstifte vorhanden sind. Bei dem an Bord zweckmäßigen System mit isolierter Rückführung sollten keine einpoligen Fassungen verwendet werden (bei denen der Minuspol an der Fassung selbst liegt), und Schraubgewinde haben zwar gute Kontaktübergänge, rütteln sich aber leicht los und die dafür notwendigen Glühbirnen sind weniger leicht erhältlich.
Schalter für Niederspannungen sind meist recht mangelhaft ausgeführt. Am besten wäre natürlich, man nähme die normalen Schalter für Haushaltsstrom, aber diese sind in den meisten Fällen zu groß und in den sogenannten Unterputz-Ausführungen im Holzwerk schwer einzubauen. Von den im Handel erhältlichen Schaltern wähle man die Kippschalterausführung und nicht die Schubschalter, welche besonders schlechte Kontaktübergänge aufweisen.

Verteilerdosen

Die an Bord brauchbaren Verteilerdosen wurden schon im Abschnitt über Verkabelung erwähnt.

Selbststeueranlagen

In den USA, wo ein großer Teil der seegehenden Yachten motorisiert ist, hat die Industrie schon vor geraumer Zeit damit angefangen, Selbststeueranlagen zu entwickeln, die sich ihrer Art nach für Kleinfahrzeuge eignen, und die Fischerei hat aus naheliegenden Gründen – der Personaleinsparung – diese Geräte aufgegriffen, so daß heute ausgereifte und bewährte Selbststeueranlagen auch für Segelyachten durchaus keine Seltenheit mehr sind. Die Befreiung vom Zwang, ständig am Ruder stehen zu müssen, wird vor allem von Yachteignern angenehm empfunden, die allein mit ihrer Familie zur See fahren wollen und dabei angeln und faulenzen wollen.
Selbststeueranlagen arbeiten nach dem Prinzip, daß eine Kompaßabweichung über ein elektrisches System auf einen Hydraulikzylinder übertragen wird, der am Ruderschaft oder Quadranten angreift oder einen Rudermotor in Bewegung setzt. Die Größe des Ruderausschlages wird durch ein zwischengeschaltetes Gerät, eine Art „Computer", nach Wind, Art des Seegangs, Luv- und Leegierigkeit des Schiffes und dem notwendigen Ruderwinkel zur Erzielung einer bestimmten Kursänderung variiert.
Die Kompaßabtastung – entweder des Steuerkompasses des Schiffes oder eines eigenen, mit einer Magnetnadel ausgerüsteten Systems – wird dabei so vorgenommen, daß jede Drehung der Rose zwei lichtempfindliche Elemente, sogenannte Photodioden, gegen einen Lichtstrahl verschiebt. Die Verschiebung bewirkt, daß die eine Diode mehr Licht erhält als die andere. Über ein Verstärkersystem mit Transistoren werden dadurch Impulse an Relais gegeben, welche den Rudermotor links oder rechts drehen lassen oder wo der Strom über Magnetventile den Ölstrom einer kleinen Ölumwälzpumpe, die vom Propellerschaft (beim Segeln allein durch das Mitdrehen des Propellers) angetrieben wird, reguliert. Ein Hydraulikzylinder reagiert auf den wechselnden Ölstrom

durch Bewegung einer Kolbenstange, welche mit dem Ruder verbunden ist. Die Einstellung der Knöpfe für „Trim“, „Yaw“ und „Rudder“ verändert jeweils empfindliche Brückenschaltungen, so daß die elektrischen Impulse vom Kompaß sich mehr oder weniger auswirken. Durch diesen elektrisch ziemlich einfachen Kunstgriff wird erreicht, daß nicht nur der dem Winddruck entsprechende Festwinkel des Ruders eingestellt werden kann, sondern auch, daß bei starkem Seegang und dadurch bewirktem Gieren die Schnelligkeit der Ruderkorrektoren gebremst wird.

Kühlschränke

Ein Problem ganz besonderer Art sind Kühlschränke. Im hohen Norden, wie in der Ostsee, kann man auf einen Kühlschrank verzichten. Da wo man ihn unbedingt braucht, ist es so heiß, daß das Problem mit der an Bord einer kleineren oder mittleren Yacht verfügbaren Elektrizität nicht zu lösen ist. Zwar werden in jeder Fachzeitschrift Kühlschränke angeboten, und zwar mit Rücksicht auf die Gefährlichkeit von Gas und die Unbrauchbarkeit von Absorberschränken auf Segelyachten solche mit elektrischer Energiezufuhr, aber die häufig genannten 5 A für 5 Stunden bedeuten schon 25 Ah, im Mittelmeer sind es bei Außentemperaturen von 30° wesentlich mehr.

Daraus sind zwei Schlüsse zu ziehen: Wenn der Hauptmotor schon stundenlang laufen muß, um die Stromentnahme durch den Kühlschrank wettzumachen, ist offenbar das Verfahren vom Grunde her falsch und zweitens: Warum nicht dann gleich den Kompressor von dem Motor aus antreiben, anstatt auf dem Wirkungsgrad schluckenden Umweg über die Batterie?

Neben der Kompressorkühlung gibt es noch die sparsameren Schwingverdichter, die wir von den Kühlboxen fürs Picknick kennen und Elektrokühlung ohne bewegte Teile wie bei der Peltierkühlung, die den Effekt ausnutzt, daß Thermoelemente aus verschiedenen Metallen sich abkühlen, wenn man einen Strom hindurchschickt. Aber auch diese Kühlung ist unrationell, denn 20 W Kälteleistung benötigen 9 A Strom bei einem Kühleinsatz aus 36 Elementen.

Der gangbare Ausweg ist hier der Verzicht auf Elektrizität, Antrieb eines Kompressors vom Motor, kombiniert mit sogenannten „holding plates“, flache, mit einem bestimmten Gemisch gefüllte Behälter, die Kälte speichern, verbunden mit einer nach allen Regeln der Kunst ausgeführten Isolierung – oder die gute alte Eisbox.

Geräte und Anlagen der Sicherheit an Bord

Elektrische Gas-Spürgeräte

Diese Geräte sind die Antwort der Industrie auf eine Serie schwerer Unglücksfälle, die sich auf Yachten ereignet haben, weil die Gefahren von Flüssiggasen und Benzin unterschätzt wurden und weil beim Hantieren damit leichtfertig vorgegangen wurde.
Die in nur einem Wasserglas voll Benzin enthaltene Energie ist erstaunlich groß. Jeder weiß, daß man mit dieser Menge ein Auto, das zehn kräftige Männer nicht eine Steigung hinaufschieben können, mühelos durch kontrollierte Verbrennung im Motor bewegen kann. Die gleiche Menge Benzin oder Flüssiggas (Propan, Butan, das sogenannte Flaschengas) in der Bilge eines Bootes kann den Rumpf auseinanderreißen und seine Teile Hunderte von Metern weit verstreuen, nicht weniger vehement als 15–20 Stangen Dynamit.
Benzin und Flüssiggas bestehen aus leichten Kohlenwasserstoffen, die bei Zimmertemperatur verdampfen und mit der Luft eine Mischung bilden, die etwas schwerer ist als die umgebende Luft. Diese Mischung setzt sich also überall fest, wo nur *oben* eine Öffnung ist wie in einem Tank, Faß oder der Bilge eines Bootes. Ist die Öffnung nicht sehr groß, kann die Mischung tagelang dort liegen bleiben, bevor sie schließlich durch Diffusion so stark verdünnt wird, daß sie keinen Schaden mehr anrichten kann. Wie lange das dauert, weiß man, wenn man sich daran erinnert, das leere und offene Benzinfässer noch nach Monaten explodiert sind.
Benzin und Luft-Gas-Gemische sind innerhalb sehr weiter Grenzen explosionsfähig, und zwar von 0,8 bis 1,3 Gas/Luft. Die Explosionskraft eines Gemisches von weniger als einem halben Liter Benzin mit Luft entspricht mehreren Pfund Dynamit!
Es ist also außerordentlich wichtig, daß man sich vor jedem Einschalten eines elektrischen Stromkreises, bei dem Funkenbildung möglich ist – Anlasser, Lichtmaschine, Reglerschalter, Lüftermotoren – überzeugt, daß keine explosiven Gase in der Bilge und im Motorenraum sind. Der be-

quemste Weg dazu ist ein *Gasspürgerät.* Alle Geräte dieser Art arbeiten nach dem gleichen Prinzip: Ein dünner Platinfaden wird durch eine angelegte Spannung zum fast unmerklich schwachen Glühen gebracht. Sobald brennbare Gase in der umgebenden Luft enthalten sind, glüht der Draht heller, weil zu der zugeführten elektrischen Energie nun die Oxydationswärme der Gasanteile hinzutritt. Der Effekt kann auf verschiedene Weise ausgenutzt werden. Bei einigen Geräten mißt man mit Hilfe einer empfindlichen Brückenschaltung die Widerstandsänderung des Drahtes bei der höheren Temperatur, bei anderen mißt eine Photozelle das ausgesandte Licht. Auf jeden Fall schlägt am Anzeigeinstrument ein Zeiger aus, und zwar schon dann, wenn nur ein Viertel des Benzins in der Luft ist, das das Gasluftgemisch explosiv machen würde. Aus Sicherheitsgründen ist der Platinfaden manchmal in einem Käfig aus feinem Maschengewebe angebracht, durch den, wie bei der bekannten Grubenlampe, jede Ausbreitung einer Zündung am Platinfaden ausgeschlossen wird. Im übrigen ist das bei den mit Photozelle arbeitenden Geräten gar nicht einmal nötig, denn die auftretenden Temperaturen reichen ebensowenig zur Entzündung aus wie eine nur schwach glimmende Zigarette Benzin entzünden kann.
Bei einigen im Handel befindlichen Geräten ist ein Schalter eingebaut, der es verhindert, die Zündanlage des Motors einzuschalten, bevor eine Prüfung mit Hilfe des Gasspürgerätes vorgenommen wurde.

Horn

Jedes größere Wasserfahrzeug muß in der Lage sein, Schallsignale nach der SeeStrO und SeeSchStrO abzugeben, dazu gehören in erster Linie die Nebelsignale. Auf kleineren Booten verwendet man dazu die mit dem Mund oder mit Hilfe eines Luftkolbens angeblasenen Nebelhörner, ihr Gebrauch ist aber auf die Dauer sehr ermüdend. Bequemer sind die Nebelhörner, bei denen die Luft für den Typhon durch einen kleinen elektrisch angetriebenen Kompressor erzeugt wird. Diese Kompressoren sind mit dem Motor meist in einem Aggregat vereinigt, das eine gemeinsame Welle besitzt. Ihr Strombedarf ist beträchtlich, die Schaltung wird daher so vorgenommen, daß die Leitungswege zum Motor kurz gehalten werden, die Leitung zum Tastknopf am Ruder ist meist

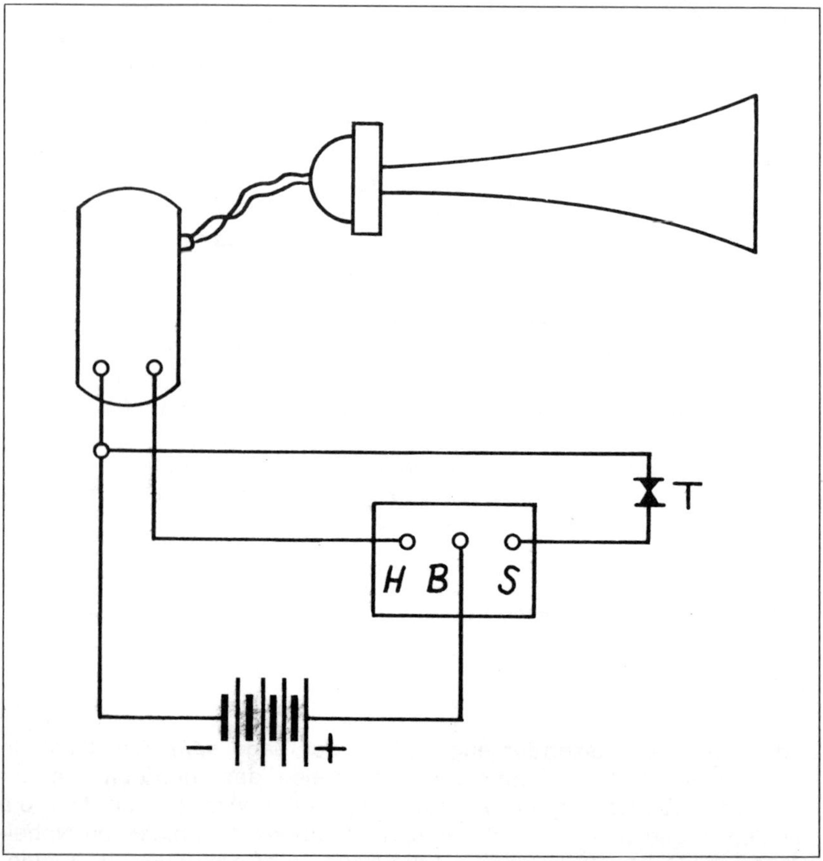

Abb. 21 Anschluß eines Horns mit Kompressormotor. Man vermeidet dadurch, daß man ein Relais verwendet, den Spannungsabfall in der meist ziemlich langen Leitung zum Tastschalter T und die Kontaktbelastung an diesem Schalter. H, B und S sind die Zeichen, die auf der Kontaktplatte der handelsüblichen Hupenrelais, die in Kraftfahrzeugen Verwendung finden, eingraviert sind. Der Minuspol liegt am Gehäuse des Relais, weil in Kraftfahrzeugen die Hupe in der Lenksäule zur Masse hin geschaltet wird. An Bord arbeiten wir mit isolierten Rückleitungen und brauchen daher eine eigene Minusleitung zum Relais.

so lang, daß der darin stattfindende Spannungsabfall unzulässig hoch wird, auch würde die Kontaktbelastung des Tastschalters recht hoch werden. Man betätigt den Kompressor daher über ein Relais. Abb. 21 zeigt eine solche Schaltung. Aufwendiger, aber auch stromsparender und vielseitiger sind elektronische Nebelhörner, bei denen in einem Transistorverstärker eine Schwingung erzeugt wird, die über einen Druckkammerlautsprecher abgestrahlt werden kann. Man kann bei diesen Anlagen die Tonhöhe variieren und den Lautsprecher darüber hinaus als Schallverstärker für Anrufe benutzen, durch einfache elektrische Kunstgriffe ist es auch möglich, die Zeitintervalle zwischen zwei Nebelsignalen elektrisch und damit automatisch erfolgen zu lassen. Ein solches Gerät wird von der Heathkit Geräte GmbH in Sprendlingen vertrieben und kann auch als Bausatz bezogen werden.

Alarmanlagen für Yachten

Es passiert immer öfter, daß Einbrecher Yachten heimsuchen und wertvolles Inventar entwenden, ganz zu schweigen vom Diebstahl des ganzen Bootes. Es ist also sehr naheliegend, sich Gedanken darüber zu machen, wie solche Einbrüche und Diebstähle verhindert werden können.
Ein wirksamer Schutz hängt natürlich davon ab, ob das Boot in einem Yachthafen liegt, wo ein laut hörbares Alarmsignal die Übeltäter verscheucht. Ist das nicht der Fall, so kann auch die Elektrizität nicht helfen, und man muß zu den stärksten Schlössern Zuflucht nehmen, die man finden kann.
Wir wollen nachstehend kleine Geräte beschreiben, die man sich leicht selbst bauen kann und die die Umwelt beim unbefugten Anlassen des Motors bzw. beim Betreten des Bootes alarmieren. Beide Geräte können so konstruiert werden, daß sie Daueralarm geben oder einen zeitlich begrenzten Alarm, der aber nicht aufhört, wenn der Versuch einzubrechen eingestellt wird. Im zweiten Fall kann das Gerät fernerhin so gebaut werden, daß es bereits beim Durchschneiden einer Leitung den Alarm auslöst – eine sogenannte Ruhestromanlage.
Eine solche Anlage wurde in der Fachzeitschrift „Die Yacht", Heft 4/1965, beschrieben:
Bei einem Benzinmotor mit Batterie-Zündung (Abb. 22) funktioniert die Schaltung folgendermaßen: Der zusätzliche kleine Schalter Sch wird an die Verbindung zwischen Zündspule Sp und Zündschalter Z angeschlossen, und zwar an einer Stelle, wo man den Schalter nicht so leicht sehen kann. Sobald das Gerät und sein Schalter Sch eingebaut sind, ist die Anlage alarmbereit. Wird die Zündung eingeschaltet, entweder mit dem Zündschloß oder (die Praxis der Diebe) indem sie von der Batterie einen Draht direkt an die Zündspule klemmen, erhält das Relais A über die beiden Kontakte von Sch ebenfalls Spannung und zieht im Bruchteil einer Sekunde an. Auf A sitzt der Kontakt a_1, der das Signalhorn H (oder ein zweites Bosch-Horn) einschaltet. Ferner ist noch der Haltekontakt a_2 vorhanden, der das Relais mit der Batterie verbindet, so daß es auch angezogen bleibt, wenn die Zündung wieder ausgeschaltet

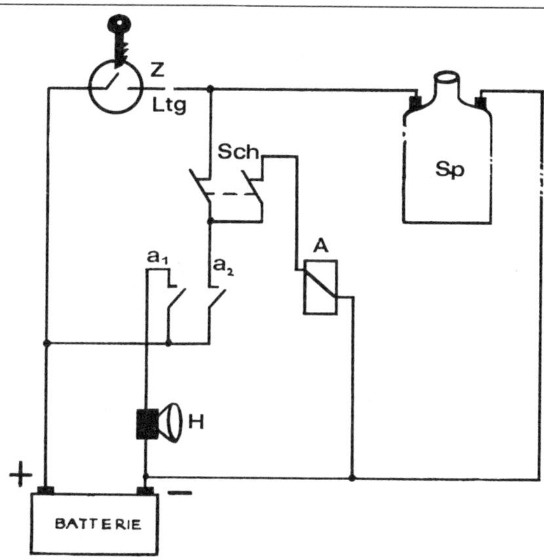

Abb. 22 Alarmanlage für eine Yacht mit Benzinmotor

wird. Das Signalhorn läßt sich deshalb nur mit dem Schalter Sch wieder abstellen.

Bei einem Benzinmotor mit Magnetzündung sowie einem Dieselmotor (Abb. 23) ist keine Zündspule vorhanden, die von der Batterie gespeist wird; die Schaltung muß also etwas abgewandelt werden. Die Abbildung zeigt, daß Sch an die Verbindung zwischen Lichtmaschine und Regler R angeschlossen werden muß, und daß in die Leitung Ltg noch die Feinsicherung Si eingefügt ist. Der Anschlußpunkt ist bei stehendem Motor spannungslos. Wird der Motor aber gestartet, erzeugt die Lichtmaschine L Strom, der über Si und Sch zum Relais A geleitet wird, dieses zum Anziehen bringt und den Dauer-Alarm (wie oben beschrieben) auslöst. Die Sicherung ist erforderlich, weil jetzt die Batterie über a_2 mit der Lichtmaschine L verbunden wird. Der dabei fließende starke, kurzschlußähnliche Strom würde aber sowohl die Lichtmaschine als auch die Batterie gefährden; ohne Si würden natürlich auch die Kontakte a_2

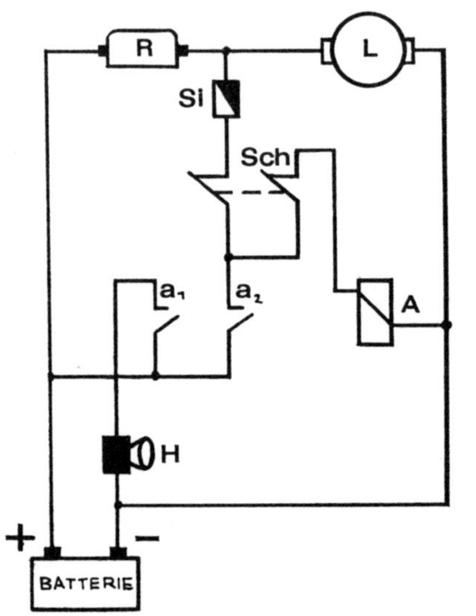

Abb. 23 Alarmanlage einer Yacht mit Benzin- oder Dieselmotor

wegschmelzen. Sobald a_2 schließt, brennt also die Feinsicherung Si sofort durch. Man vergesse darum nie, sie zu erneuern, wenn die Alarmanlage in Betrieb war, denn sonst ist sie nicht mehr funktionsfähig. Die Feinsicherung ist nur für den Strom des Relais A zu bemessen, kann also nicht angegeben werden, da der Strom vom Typ des Relais und von der Spannung der Batterie abhängig ist. Es kann eine Feinsicherung (52x20 mm, träge) mit Aufbau- oder Einbaufassung benutzt werden, wie sie im Radiogerät und anderen Geräten verwendet wird.
Es ist natürlich möglich, die Schaltung für alle Motoren mit Elektrostarter zu verwenden, indem man die Leitung Ltg an den Starter anschließt. Wenn sich aber die Maschine von Hand starten läßt und der Dieb die Andrehkurbel benutzt, funktioniert die Alarmanlage natürlich nicht.
Es wird sich leicht ein versteckter Platz für den Schalter Sch finden lassen, ob im Motorraum oder in der Kajüte, ist belanglos. Die Litzenkabel

zum Relais A und zu den Kontakten a_2 brauchen nicht stark zu sein (rund 0,5 mm²). Der Kontakt a_1 muß für den wesentlich größeren Strom des Signalhorns bemessen sein, so daß man am zweckmäßigsten als Relais ein Kleinschütz verwenden sollte; diese sind handelsüblich (sie werden für die Fern-Einschaltung von Elektrogeräten und -apparaten benutzt) und sind zum Beispiel für 6, 12 oder 24 Volt lieferbar. Die Litzenkabel zum Horn sollten nicht unter 1,5 mm² stark sein.
Jeder, der mit einem Schraubenzieher umgehen kann, wird sich diese einfache Alarmanlage selber einbauen können und auch die Verdrahtung geschickt verlegen, daß sie nicht auffällt.
Eine andere Art der Alarmschaltung wird ausgelöst, wenn ein Trittkontakt oder ein Kontakt an einem Riegel geschlossen wird. Natürlich kann man jeden Eingang zum Bootsinneren so sichern, wobei unter Umständen die im Handel käuflichen Türkontakte gute Dienste leisten. Türkontakte werden u. a. dazu benutzt, Ladentüren mit einer Klingel zu verbinden, so daß beim Öffnen der Ladentür durch einen Kunden der Geschäftsinhaber oder Verkäufer benachrichtigt wird.
Sehr viel raffinierter sind die Anlagen, die heute von der Industrie angeboten werden, denn sie schalten sich nicht erst ein, wenn ein Kontakt an einem Fenster oder einer Tür betätigt wird, sondern sie arbeiten mit unsichtbaren Lichtschranken oder mit unhörbaren Schallschwingungen.
Lichtschranken benutzen infrarote Lichtstrahlen und einen Ruhestromkreis. Sie sind vorzüglich geeignet für Sicherung von Wegen oder Passagen im Freien. Ihr Nachteil ist der verhältnismäßig hohe Stromverbrauch für die „Lichtquelle“.
Da auf Yachten der Stromverbrauch eine alles entscheidende Rolle spielt, werden mechanische Relais heute überwiegend durch elektronische „Schalter“ ersetzt – Transistoren.
Die Elektronik ermöglicht aber noch viele andere Kombinationen von auslösenden Momenten mit Alarmgebern. Mehr darüber in „Elektronik auf Yachten“, Kleine Yachtbücherei Nr. 53.
Die in einer früheren Auflage gezeigte Anlage mit hochfrequenten Schallschwingungen hat sich in der Praxis als für Yachten weniger geeignet erwiesen. Es muß auf einem Boot immer damit gerechnet werden, daß Bewegungen bei Schwell im Hafen oder Windböen zu Falschalarmen führen.

Seenot-Blitzbojen

Die in der Photographie weit verbreiteten Elektronenblitzgeräte haben auch auf See eine Verwendung besonderer Art gefunden, damit ausgerüstete Bojen an den Rettungsringen tragen in ganz wesentlichem Maße zur Erhöhung der Sicherheit auf See bei.
Das Elektronenblitzlicht beruht darauf, daß eine in einem Kondensator gespeicherte Elektrizitätsmenge von einer Spannung, die zwischen 300 und 3000 Volt liegt, über eine Entladungsstrecke in einer Vakuumröhre entladen wird. Die Entladung wird durch eine angelegte Hilfsspannung ausgelöst, sie erzeugt ein sehr helles Licht von einem Bruchteil einer Sekunde. Ein Blitzgerät entnimmt seine Arbeitsenergie einer Niederspannungsbatterie, ein Stromwandler bewirkt die Hochtransformation und Gleichrichtung.
In dem Seenotgerät sorgt ein Quecksilber-Kippschalter dafür, daß das Gerät in Betrieb tritt, sobald die kleine Boje, die an Bord mit dem Blitzkopf nach unten am Rettungsring hängt, sich im Wasser selbsttätig aufrichtet. Die Blitzimpulse werden automatisch ausgelöst, und zwar in dem Takt, der sich durch die Aufladezeit des Kondensators ergibt, also etwa alle 3 bis 6 Sekunden. Das Licht ist außerordentlich hell, es kann nicht nur sehr viel besser gesehen werden, als die Notbojen mit Glühlämpchen oder gar die immer noch von der Seeberufsgenossenschaft vorgeschriebenen Acetylen-Lichter, es scheint bei dunkler Nacht auch gegen die meist niedrig hängenden Wolken, deren Reflex bis zu 30 sm weit sichtbar sein kann. Erfahrungen haben gezeigt, daß mit Hilfe dieses Gerätes über Bord gefallene Leute gerettet werden konnten, die mit den bisher verfügbaren Leuchten nie gefunden worden wären.

Blitzschutz auf Yachten

Die Gefahr, auf See von einem Blitz getroffen zu werden, ist nicht übermäßig groß, da anders als auf Land auf See die Leitfähigkeit der Erdoberfläche überall gleich gut ist. Auf einem Stahlschiff ist die Besatzung in ihrem „Faradayschen Käfig" völlig geschützt, auf anderen Booten bietet das Rigg einen gewissen Schutz, allerdings nur dann, wenn die Wanten über die Rüsteisen geerdet sind. Manchmal wird eine solche Erdung schon beim Bau vorgenommen.

Ein Weg, bei schwerem Gewitter das Rigg zu erden, ist, ein Erdband aus Kupfer oder eine sehr dicke geflochtene Litze, die durch eine große Kabelklemme mit dem Want verbunden wird, ins Wasser hinein zu erden. Die Litze muß so lang sein, daß sie mindestens einen Meter tief ins Wasser reicht.

Heutzutage sind die meisten Yachten mit Aluminiummasten ausgerüstet. Diese sollten ihre eigene Erdplatte haben, aber nicht an die Erde der Batterien und sonstigen Geräte geführt werden.

In der Praxis ist das bei GFK-Booten gar nicht möglich. Hier besteht sogar die Gefahr, daß bei einem Überschlag ein Leck in den Boden geschlagen wird. Erfahrungen liegen kaum vor, aber von Verlusten einer Yacht durch Blitzschlag hat man auch nichts gehört.

Bei jedem Weg, den sich ein Blitz sucht, spielen Knicke und scharfe Biegungen eine große Rolle, denn dort entstehen sogenannte Koronarentladungen, die die umgebende Luft ionisieren. Die Luft wird an diesen Stellen leitend und öffnet nun dem Blitz einen Weg, wobei umliegende brennbare Stoffe leicht Feuer fangen.

Die Entstörung der elektrischen Anlage

Die Lichtmaschine und ihre Regelelemente erzeugen eine Störstrahlung, die einen einwandfreien Funkempfang unmöglich machen würde, wenn wir nicht entsprechende Maßnahmen treffen: die Entstörung. Natürlich gehen Störwellen auch von anderen elektrischen Teilen aus, insbesondere von allen Motoren, von Steuerelementen in Benzinuhren und Fernthermometern, von Zündkerzen und Zündkontakten, Kreiselkompressoren und Signalanlagen, Schaltern, Relais u. a., kurz überall da, wo Funken auftreten und ein elektromagnetisches Feld geändert wird. Da man aber nicht jedesmal, wenn gepeilt werden soll oder eine Wettermeldung empfangen werden muß, den Motor abstellen kann, ist eine sachgemäße und sorgfältige Entstörung nicht nur eine Frage der Annehmlichkeit, sondern auch der Sicherheit.
Störwellen werden entweder direkt ausgestrahlt, wie von den an Kontakten entstehenden Funkenstrecken, oder über die Leitungen des Bordnetzes übertragen, oder sie erzeugen in diesen Leitungen sekundäre hochfrequente Wellen, die wiederum von Stagen und Leitungen aufgefangen werden können und von diesen erneut abgestrahlt werden. Zur Beseitigung dieser Störungen, die sich beim Empfang als lautes Prasseln oder gelegentliches Knacken bemerkbar machen, müssen wir die hochfrequenten Schwingungen über Kondensatoren zur Erde ableiten.
Man unterscheidet in der Praxis eine teilweise und eine vollständige Entstörung.
Teilentstörung kennen wir aus unseren Autos, Staubsaugern u. ä. Eine vollständige Entstörung ist unter Umständen außerordentlich schwierig. Sie wird vor allem dann angewandt, wenn Sprechfunkanlagen an Bord installiert werden.
Die einfache Nahentstörung der Bordanlage ist verhältnismäßig einfach. Sie reicht für UKW- und AM-Empfang fast immer aus. Schwieriger wird es, wenn wir sauberen Langwellenempfang anstreben.
Nehmen wir den einfachsten Fall an: eine Dieselmaschine mit einer Lichtmaschine, die eine Nennleistung von 300 W und angebautem

Regler hat, soll für den Bereich 0,15–3 MHz entstört werden. Dazu wird zunächst ein Metallpapierkondensator von 3 μF Kapazität an der Lichtmaschine angebracht.

Die meisten Lichtmaschinen sind mit einer Schraube im Gehäuse versehen, mit der die Lasche des Kondensators fest am Gehäuse der Lichtmaschine angeschraubt werden kann. Es darf keine längere Ersatzschraube dazu genommen werden, und die Oberfläche der Lichtmaschine ist vorher gut blank zu machen, so daß eine einwandfreie elektrische Verbindung gewährleistet ist. Die normalen Entstörkondensatoren haben drei Löcher in der Lasche und lassen sich damit auf praktisch allen Lichtmaschinen befestigen. Wo das nicht geht, kann man den Kondensator an den blank gemachten Haltebügel des Reglers anschrauben, bei weggebautem Regler sonst an den Haltebügel der Lichtmaschine. Auf jeden Fall muß der Kondensator mit seinem Becher einwandfreien Kontakt mit Masse haben.

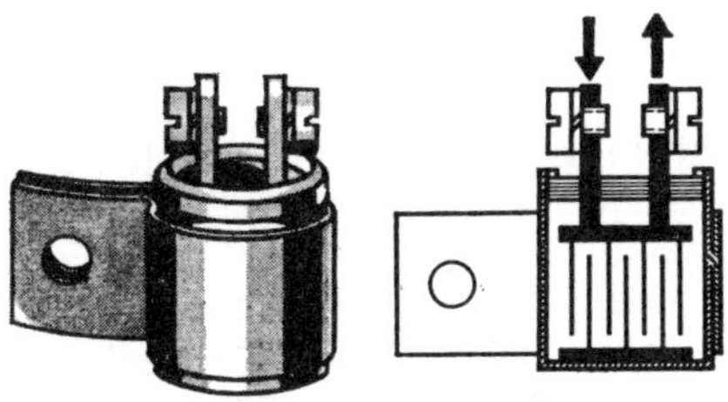

Abb. 24 Entstörkondensator

Der abgebildete 3-μF-Kondensator, den Bosch herstellt, ist ein Parallelkondensator. Der gleiche Typ wird auch mit verschiebbarer Schelle geliefert sowie mit Steckanschluß. Welche Ausführung man wählt, hängt von den örtlichen Gegebenheiten ab.

Die aus dem Kondensator herausführende Litze wird mit ihrer Öse an dem mit B+ bezeichneten Pol des Reglers angeschlossen. Manchmal reicht diese Entstörung schon aus, man kann sie aber verbessern, indem man einen kleineren Kondensator von 0,45 μF (Bosch 1 297 330 051) an der gleichen Schraube wie den 3-μF-Kondensator anschraubt, des-

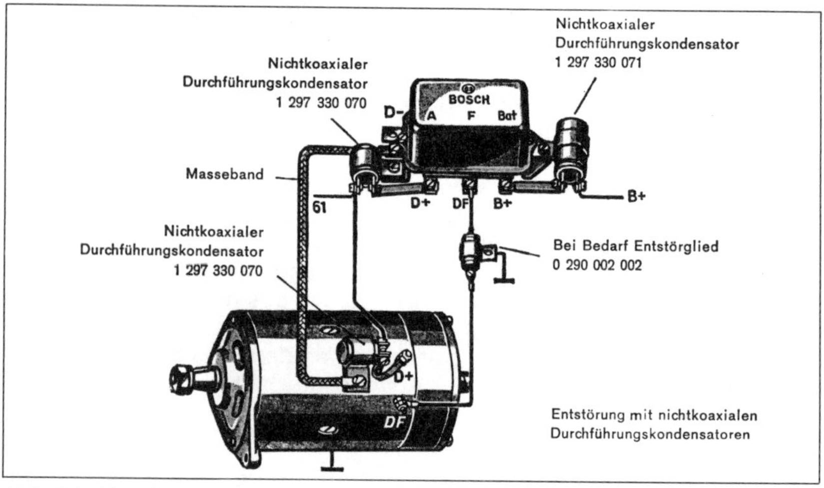

Abb. 25 Entstörung der Lichtmaschine

sen Litze aber mit der Klemme D+61 verbunden wird. Der Kondensator darf bei Lichtmaschine bis 300 W nicht größer sein als 0,5 μF, da sonst die Reglerkontakte Schaden nehmen! An DF darf *nie* ein Kondensator angeschlossen werden, schwerste Schäden wären die Folge, sondern in besonderen Fällen nur Drosseln mit Ableit-Kondensatoren.

Die meisten größeren Motoren haben etwas stärkere Lichtmaschinen und sogenannte „weggebaute" Regler, das heißt Regelschalter, die irgendwo im Maschinenraum angeschraubt sind.

In diesem Fall befestigen wir wieder wie im vorstehenden Fall einen 0,45-μF-Kondensator an der Lichtmaschine, der mit der Klemme D+ verbunden wird. Am Reglergehäuse wird ein 3-μF-Kondensator befestigt, der mit B+ verbunden wird. Ist der Regler weit entfernt von der Lichtmaschine, so kann die Entstörungswirkung häufig dadurch verbessert werden, daß wir ein sogenanntes Masseband aus Kupfergeflecht kaufen und damit die Gehäuse („Masse") der Lichtmaschine und des Reglers verbinden.

Bei vielen Anlagen ist der Minuspol der Batterie nicht einfach an Erde gelegt, sondern isoliert. In diesem Fall ist auch die Rückleitung von B−

am Regler zum Batterieminuspol isoliert, und wir müssen auch in diese Leitung einen Entstörkondensator legen, wiederum von 3,5 μF.
Bei Otto-Motoren reichen diese Maßnahmen nicht aus, es muß noch etwas mehr zur Entstörung getan werden:
1. Entstörte Kerzenstecker müssen an allen Zündkerzen angebracht werden.
2. Der Zündverteiler muß darauf überprüft werden, ob er einen Verteilerläufer mit Entstörwiderstand enthält, und es müssen entstörte Stekker in der Verteilerkappe beziehungsweise entstörte Leitungsmuffen in jedem Zündkabel bei seitlicher Abführung vorhanden sein.
3. Die Zündspule muß mit einem Entstörkondensator von 3,5 μF versehen werden, der an Klemme 15, der Zuleitung der Batteriespannung (dünnes Kabel), angeschlossen wird. Masseseitig muß der Kondensator guten Kontakt mit dem Motorblock erhalten. Da die Zündspule oft nicht unmittelbar am Motorblock angebracht ist, wählt man gegebenenfalls einen Entstörkondensator mit isolierter Rückleitung (Bosch 1 297 330 004). Vom isolierten Anschluß führt man eine abgeschirmte Leitung zum Motorblock (Masse). Eine abgeschirmte Leitung ist außen mit einem Metallgeflecht überzogen.
Natürlich müssen auch die sonstigen an Bord befindlichen Störquellen entstört werden. Dazu gehören alle Bauteile, die Motoren enthalten, wie Scheibenwischer, Webastoheizung, Typhon, Pumpen. Diese Motoren sind in Autos meist mit einem Pol am Karosserieblech befestigt, das als „Erde“ wirkt. An Bord sollten sie aus Gründen des Korrosionsschutzes ausnahmslos mit isolierter Rückleitung versehen sein. Es muß dann natürlich jede Leitung mit einem 0,45-μF-Kondensator entstört werden. Manchmal reicht die Entstörung dieser Kondensatoren nicht aus, man greift dann zu sogenannten nichtkoaxialen Durchführungskondensatoren (Bosch 1 297 330 070, 0,45 μF). Bei einer UKW-Entstörung muß man diese Kondensatoren von vornherein nehmen.

Maximale Entstörung

Eine solche maximale Entstörung ist nicht ganz einfach und meist auch nicht erforderlich. Wir wollen uns beschränken, die Möglichkeiten aufzuzeigen. Der UKW-Empfang wird verbessert, wenn bei Otto-Motoren

die Kerzenstecker durch „geschirmte" Kerzenstecker ersetzt werden, und wenn alle Zündkabel entstörte Verteilerstecker oder Entstörmuffen erhalten. Auch die Entstörkondensatoren an der Lichtmaschine müssen eventuell durch nichtkoaxiale Durchführungskondensatoren ersetzt werden.
Auch in die Leitung DF zum Regler kann ein Entstörungsglied geschaltet werden, das so angebracht werden muß, daß die Leitung mit Kabelschuh an der Klemme DF des Reglers zu liegen kommt.
Bei großen Anlagen wird eine einwandfreie Entstörung nur dann erreicht, wenn alle Leitungen im Zünd- und Generatorkreis geschirmt werden, außerdem muß man Entstörfilter in die Leitungen legen.
Manche Motoren lassen sich mit außen angebrachten Kondensatoren nicht einwandfrei entstören. In diesem Fall werden Ferrit-Drosseln verwendet, die mit einem Kondensator kombiniert worden sind.
Zum Schluß noch ein paar Worte über die Prüfung, ob ein Boot ausreichend entstört worden ist. Man führt sie am besten dort aus, wo keine Einstrahlungen durch Fremdleitungen möglich sind. Der Empfänger wird auf die Antenne abgestimmt, zwischen zwei Sender eingestellt und die Lautstärke wird voll aufgedreht. (Bei UKW auf Sendermitte, die Breite der Seitenbänder verrät dann, wie weit die Entstörung wirksam ist.) Man läßt den Motor laufen und schaltet ihn aus dem Vollauf plötzlich ab:
Heulen mit abnehmender Tonhöhe deutet auf Kollektorstörungen, Knakken auf Reglerstörungen, plötzliches Nachlassen der Prasselstörungen deutet auf Vorliegen von Zündstörungen.
Die letzte Möglichkeit, absolute Störfreiheit zu erzielen, besteht darin, alle elektrischen Teile in metallische Gehäuse einzuschließen und alle Leitungen durch Geflechte oder Metallröhren abzuschirmen, es müssen dann aber auch alle Niederspannungsleitungen mit Entstörfiltern versehen werden.
Nicht alle Störungen kommen aus der elektrischen Bordanlage. Sie entstehen auch, wenn Metallteile zusammenschlagen können, wie z. B. Fallen oder sich reiben, wie Schäkel in Drahtaugen. Die Störungen entstehen in diesem Falle durch Ableitung einer statischen Aufladung. Solche Aufladungen entstehen auch an der Propellerwelle; sie lassen sich beseitigen durch eine Kupferbürste, die gegen die Welle gedrückt wird.

Es gibt Fälle, in denen eine einwandfreie Entstörung nicht gelingen will. In diesen Fällen wende man sich an einen Boschdienst, der über fachlich geschultes Personal und die Möglichkeit zu genauen Messungen verfügt. Das wird vor allem bei Holzbooten oft notwendig sein, bei denen unter Umständen eine vollkommene Entstörung überhaupt nicht möglich ist.

Korrosion durch elektrische Vorgänge

Eine Betrachtung über „Elektrizität an Bord" wäre unvollständig, ohne auf die Korrosion einzugehen, die ebenfalls durch elektrische Vorgänge bewirkt wird.

Korrosion ist der Abbau von Metall durch elektro-chemische Vorgänge. Dieser Abbau wird sichtbar, wenn das Schiff im Winter an Land steht und wir feststellen müssen, daß die Propellerblätter oder das Ruder Löcher bekommen haben, daß der Propellerschaft an der Austrittstelle an Umfang eingebüßt hat, oder auch, daß Kielbolzen sich gelockert haben, weil das Eisen rundum angefressen ist.

Eine elektrolytische Korrosion tritt immer dann ein, wenn verschiedene Metalle, die von einer salzhaltigen Flüssigkeit, wie Meerwasser, umspült werden, außerhalb des Wassers in leitender Verbindung stehen.

Die Neigung eines Metalls, sich dabei aufzulösen, hängt von seiner chemischen Zusammensetzung ab. Die reinen metallischen Elemente verhalten sich dabei alle verschieden, ihr „Lösungsdruck" ist verschieden. Genau das gleiche trifft für Legierungen zu. Man kann die Metalle in einer Reihe anordnen, bei der jeweils ein Metall einen höheren Lösungsdruck hat als das andere. Wissenschaftlich macht man das so, daß man die Spannungen gegen ein Vergleichselement (Quecksilber) mißt. Die nachstehende Tabelle zeigt die Spannungen, die in Seewasser von 25° gegenüber Quecksilber auftreten:

Silber	0 Volt
Nickel	– 0,15 Volt
Silikonbronze	– 0,18 Volt
V 2 A Stahl	– 0,20 Volt
Monelmetall	– 0,20 Volt
Kupfer	– 0,25 Volt
Aluminiumbronze	– 0,26 Volt
Manganbronze	– 0,27 Volt
Blei	– 0,55 Volt
Gußeisen	– 0,70 Volt
Aluminium	– 0,75 Volt
Zink	– 1,10 Volt
Magnesium	– 1,60 Volt

Wenn also Silikonbronze neben Eisen von Seewasser umspült wird, so entsteht bei leitender Verbindung oberhalb der Wasseroberfläche, zum Beispiel durch Aufbauten, seewassergetränktes Holz oder ähnlichem ein Element: es tritt eine Spannung von fast 0,5 Volt auf und es fließt ein entsprechender Strom vom Metall mit der niedrigeren Spannung, der *Kathode* (Minus) zum Metall mit der höheren Spannung, der *Anode* (Plus). Diese Stromrichtung gilt für den Stromkreis unter Wasser. Über Wasser fließt der Strom von der Anode zur Kathode. Die Kathode ist also über Wasser der Pluspol, die Anode der Minuspol. Das Eisen ist in dem geschilderten Fall die Anode, die Bronze die Kathode. Die Eisenatome verwandeln sich bei diesem Vorgang in Eisenionen, die gelöst werden und im Seewasser verschwinden. Das Eisen wird also langsam aber sicher immer mehr abgebaut oder angegriffen. Da nur die Anode angegriffen wird, nicht aber die Kathode, kann man Korrosion verhüten, indem man die zu schützende Metalloberfläche „kathodisch" macht. Man kann das auf zweierlei Weise tun. Entweder man legt eine Spannung an oder man erzeugt ein künstliches Spannungsgefälle, indem man eine „Opferanode" anbringt, also ein Stück Metall, das dazu bestimmt ist, angefressen zu werden.
Das erstere Verfahren kommt nur für größere Schiffe in Frage, die über eine entsprechende Stromversorgung verfügen; kleinere Schiffe, wie Yachten, werden durch *Opferanoden* aus Zink, die „Zinkmäuse", in der Nähe der empfindlichen Unterwasserteile geschützt. Man bringt sie meist am Ruderblatt und neben und unter dem Propeller an. Schon nach einer Saison wird sich zeigen, daß bestimmte Zinkmäuse besonders stark angefressen wurden. Es empfiehlt sich dann, den Schutz an dieser Stelle noch zu verstärken.
Die Zinkelektroden sind übrigens legiert und einfachen Zinkplatten weit überlegen.
Auf Aluminiumschiffen benutzt man kein Zink, sondern bestimmte Magnesiumlegierungen.
Es würde zu weit führen, auch den aktiven Korrosionsschutz detailliert zu behandeln. Es gibt Firmen, die alle dafür in Frage kommenden Einrichtungen liefern, zum Beispiel Capac in den USA. Dabei werden Schutzelektroden aus Kohle, Graphit oder Platin verwendet, an die eine positive Spannung von ca. 0,6–0,75 Volt gelegt wird. Diese Spannung liefert Ionen an die Anode – den Schiffsrumpf – und neutralisiert ihn.

Man bezeichnet dies als Polarisation der Anode. Im Seewasser unserer Breitenzone dauert dieser Vorgang bei 8–9 Meter langen Booten etwa eine Woche. Der Nachteil der aktiven Kathoden ist der Stromverbrauch. Eine normale Bordbatterie hält die Belastung nur etwa eine Woche lang aus.

Im Zusammenhang mit den hier aufgeworfenen Fragen müssen wir uns aber auch mit einer Frage beschäftigen, die für Yachten wichtig ist: die Korrosion durch wilde Stromkreise. Jedes Stromleck durch fehlerhafte Isolation kann zu solchen wilden Stromkreisen führen, insbesondere auch bei Holzschiffen, deren Planken durch aufgenommenes Seewasser leitend werden.

Es ist dabei nicht ausgeschlossen, daß Kathoden zu Anoden werden und korrodieren. Jeder Eigner sollte daher mit äußerster Gewissenhaftigkeit darauf achten, daß die Installation des Bordnetzes richtig ausgeführt wird: isolierte Rückleitungen und gemeinsame Erdungspunkte, Hauptschalter im Bordnetz, wasserdichte Verteilerdosen sind einige Punkte. Bei Batterieladung von Land aus muß die Erdung landseitig erfolgen, nicht bordseitig, und nie darf eine Batterie von einem Gleichstromnetz an Land aufgeladen werden.

Anhang

Elektrische Steganlagen für größere Yachthäfen

Elektrische Steganlagen mit einer Vielzahl von Steckvorrichtungen sind heute in kommerziell betriebenen Marinas selbstverständlich, aber sie werden in wachsendem Umfang auch von Segelschulen und Segelclubs benötigt. Wieviel Geld eine solche Anlage kostet, muß mit Hilfe einer Nutzungsanalyse ermittelt werden. Dazu muß geklärt sein, wieviele Anlieger es geben wird und welche elektrischen Leitungen von den Mietern der Liegeplätze in Anspruch genommen werden.
Dreht es sich um den Neubau eines Yachthafens, in dem auch große Yachten liegen werden, wird die Sache so umfangreich, daß sie in die kommunale Zuständigkeit fällt. Gibt es aber nur etwa 250 Liegeplätze, die aus Schuko- oder CEE-Steckvorrichtungen kleinsten Typs ihren Strom erhalten, so ist die Sache leichter übersehbar.
Unter Berücksichtigung eines Ausnützungsfaktors von 0,5 ergibt das einen Gesamtstrom von 250x16 (max. Stromentnahme x 0,5 = 2000 A. Im 380 V Netz beträgt also die Leistung 2000x220x$\sqrt{3}$ = 250.000 W, d. h. als Transformatorleistung müßten 250 kVA zur Verfügung gestellt werden. In dieser Größenordnung muß die Planung einem Sachverständigen (Ingenieurbüro) übertragen werden. Hierbei würde ein eigener Trafo für den Steg geplant, denn dieser muß außerhalb der Saison außer Betrieb gesetzt werden können, weil auch ein unbelasteter Trafo dieser Größenordnung eine beachtliche Leerlaufleistung benötigt, die an das EVU bezahlt werden muß. Als Trafo bietet sich ein sog. Kabeltransformator (Volta-Werke) an, weil durch die Möglichkeit, Erdkabel von unten kommend anzuschließen, die Anlagekosten verringert werden. Mit den Sicherungen, Trennschaltern und Zählern wird man einen solchen Trafo in einem Stationshaus, das aus Fertigteilen erstellt werden kann, installieren.
Natürlich kostet ein solcher Trafo und die notwendigen Kabel allerlei Geld, und entsprechend hoch wird die Belastung der Anlieger. Trotzdem verteilen sich natürlich die Kosten auf eine für den Einzelnen tragbare Höhe.

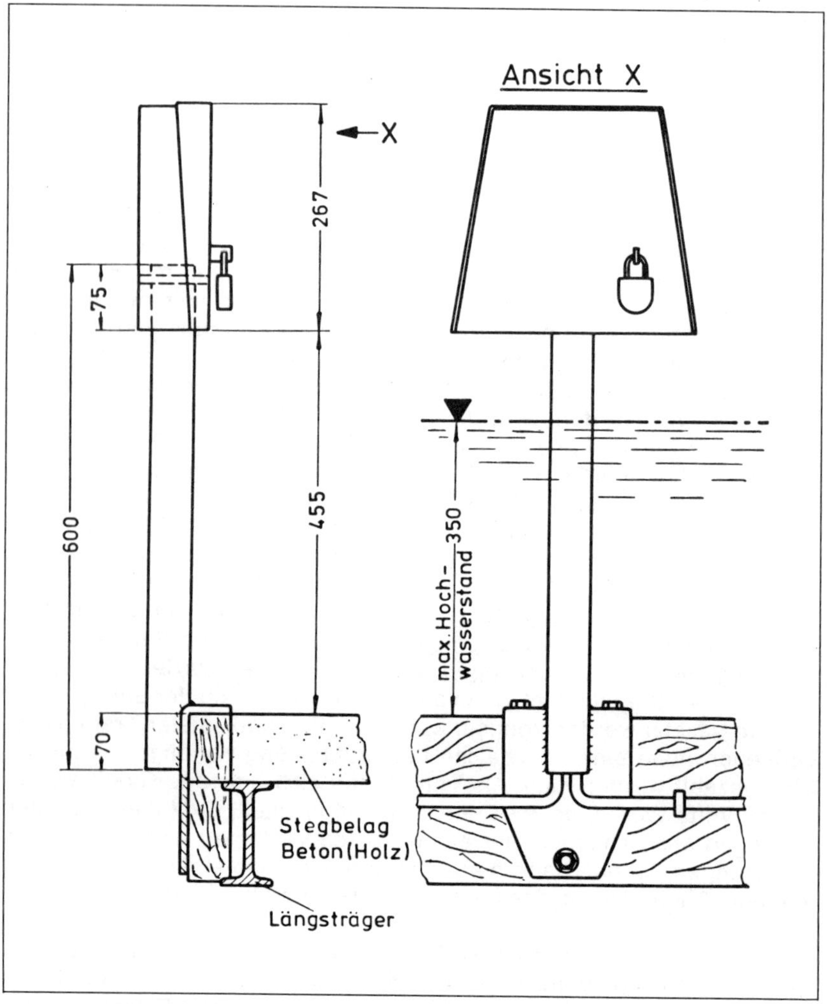

Abb. I Steganlage. Steckdosen-Zapfsäule für 2 CEE-Steckdosen (Entwurf Dipl.-Ing. Kloß)

Die erste Überlegung, die ein Clubvorstand anstellen muß, ist, ob genügend Energie am Grundstück verfügbar ist. Ausschlaggebend ist das Hauskabel. Ein stärkeres Kabel könnte zwar verlegt werden, kostet aber eine Menge Geld.
Aus der verfügbaren Energie läßt sich unter Berücksichtigung eines Gleichzeitigkeitsfaktors von 0,5 errechnen, wieviel Energie jedem Anlieger zugestanden werden kann. Dieser Wert ist richtungsweisend. Er bestimmt die elektrischen Werte der Sicherungen, des Zählers, den Nennstrom des Fehlerschutzschalters, der für die geforderten 30 mA Fehlerstromauslösung mit 40 A Nennstrom seine Grenze hat, sowie den Nennstrom des dem FI-Schalter ausgangsseitig zugeordneten Schutzschalters.
Das Ganze ist vergleichbar einer Hausinstallation. Die Leitung entspricht der Stegleitung. Der Steganschlußverteiler kann im Keller z. B. des Clubhauses oder gegebenenfalls im Freien als eine Art Baustellenverteiler angebracht werden. Am Haus oder am Verteiler sollten Schukodosen zur Verfügung stehen, um Werkzeugmaschinen anschließen zu können, dies aber stets über Fehlerstromschutzschalter.
Die Zapfstellen am Steg müssen auch bei Hochwasser überflutungssicher angelegt sein. Abb. I zeigt eine solche für den „Verein Seglerhaus am Wannsee“ in Berlin entwickelte Zapfstelle. Sie ist jeweils zwischen zwei Liegeplätzen installiert. Im Überflutungsbereich liegt keine Verbindungsstelle, weil selbst wasserdichte Kabeldosen keine absolute Gewähr für Dichtigkeit bieten.
Der Isolierwiderstand dieser Anlage muß, wie jeder Fachmann weiß, 1000 Ohm pro Volt Leitungsspannung überschreiten, da sonst der Fehlerstromschutzschalter wegen der schlechten Isolation ansprechen würde. Die Abzweigdosen wurden innerhalb der Steckdosenkästen angeordnet, diese Kästen sind verschließbar. Die Steckverbindungen wurden in CEE-Ausführung hergestellt, die unverwechselbar nur für die jeweils eingestellte Spannung und Frequenz eingerichtet sind.
Der Kastendeckel sperrt durch eine sinnreiche Einrichtung jedes Stekken in geschlossenem Zustand.
Natürlich ist es erforderlich, die Mitglieder oder Liegeplatzmieter auf ganz bestimmte Dinge festzulegen, z. B. auf die Art der Entnahme der Energie über CEE-Stecker 6 h (Abb. III) und zugentlastete Leitungen NMHöu 3x1,5, maximale Entnahme 6 A, Gebrauch von Sicherungsautomaten usw.

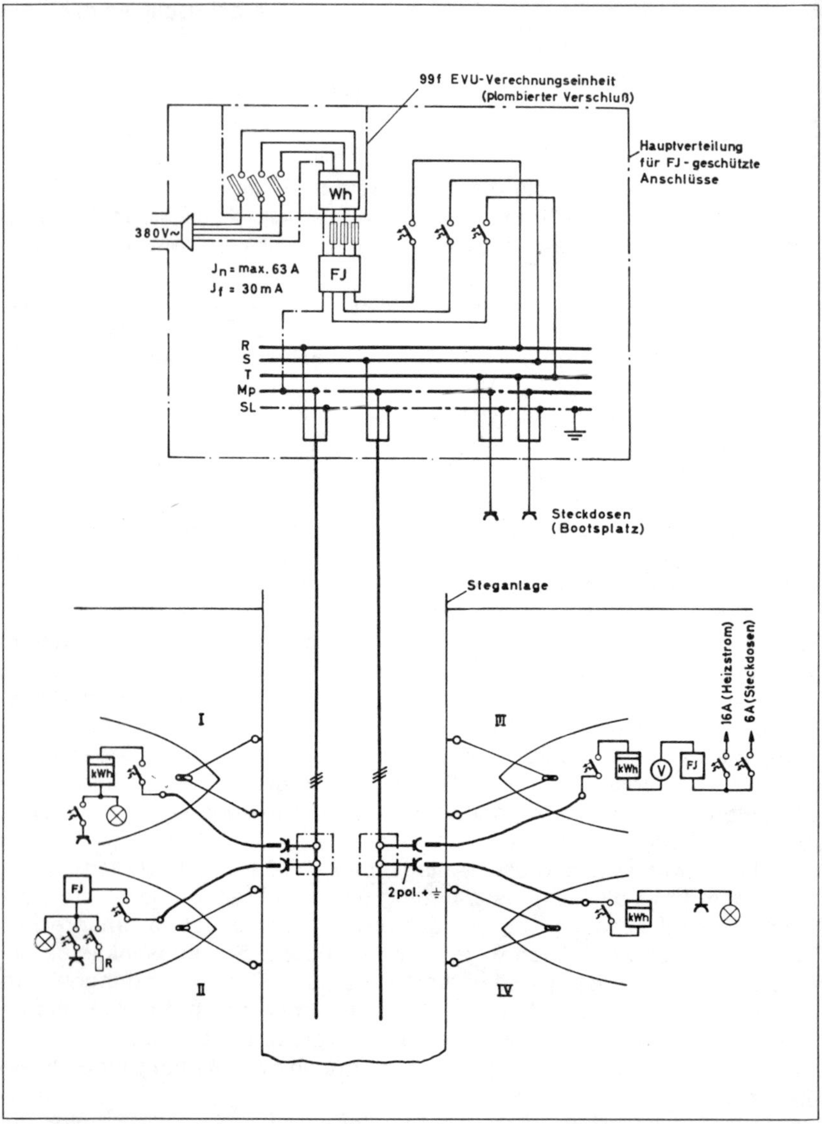

Abb. II Schaltbild einer Steganlage mit Steckdosen für jeden Liegeplatz. Der Wattstundenzähler Wh kann auch durch einen Zwischenzähler ersetzt werden, wenn die Energie für den Bootssteg über einen Verrechnungszähler bezogen wird. Die Bordeinspeisungen werden im Text erläutert.

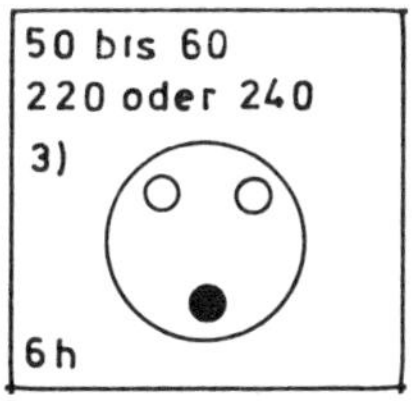

Abb. III Bei den CEE-Schutzkontaktbuchsen ist die Lage der Gehäusenut für jede Nennspannung und Wechselstromfrequenz unterschiedlich. Sie ist nach Uhrzeigerstellungen festgelegt. Es wäre wünschenswert, wenn sich diese europäische Norm bald durchsetzte.

Eine Steckdose im Hafen wurde mit besonderer Leitung als 380 V Drehstrom-Anschluß ausgebildet. Dies ist vor allem nützlich, wenn einmal Schweißgeräte angeschlossen werden sollen. (Entwurf der Anlage: R. Beier, 1000 Berlin 28, Am Rosenanger 58).

Zulässige Leitungslängen für Bordanschluß 220 V 50 . . . 60 Hz

NMHöu 3x. . mm²	Spannungsabfall in %	16 A	20 A	25 A
1,5	0,5	2,8 m	2,3 m	1,8 m
	1,5	8,6 m	6,9 m	5,4 m
2,5	0,5	–	3,8 m	3 m
	1,5	–	11,4 m	9,1 m
4	0,5	–	–	4,9 m

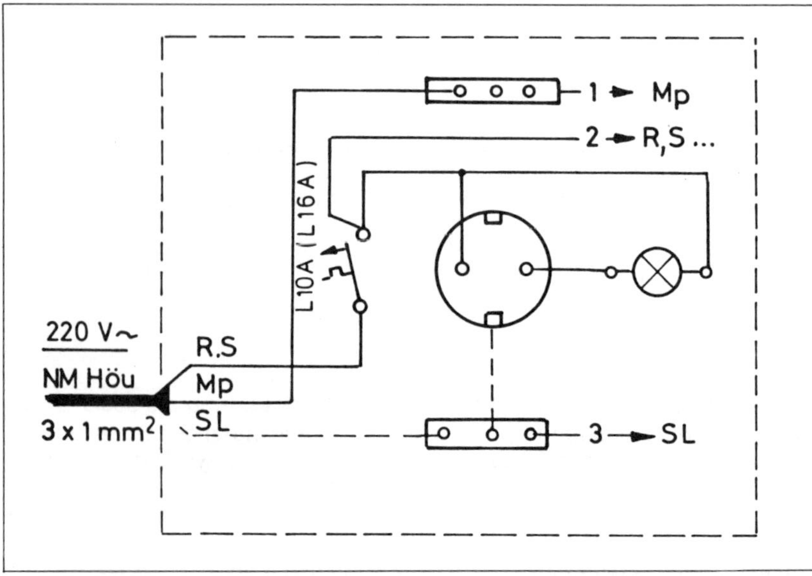

Abb. IV Schaltbild eines einfachen Anschlußverteilers für Stegsteckdosen mit Fehlerstromschutzschaltern. Der magnetische Auslöser des Leitungsschutzschalters sorgt für Kurzschlußschutz, der thermische Auslöser begrenzt den Strom, den ein Anlieger entnehmen darf. Eine Kontrolleuchte zeigt die Netzspannung an. In einem fremden Hafen ohne Fehlerstromschutz wird der Steckmat an Bord zwischen Verteiler und Verbraucher gesetzt.

Die Energiespeisung an Bord

Jeder, der Strom entnehmen will, muß wissen, wie hoch die maximale Amperezahl ist. Im obigen Fall waren es 6 A. Die Bordnetzeinspeisung muß mithin mit einer Sicherung mit 6 A Nennstrom abgesichert werden. Außerdem muß der entnommene Strom gemessen werden, weil er ja bezahlt werden muß.
Ein Zwischenzähler ist kein Problem, er ist für den Preis einer Flasche Wein überall zu haben. Zweckmäßig ist eine kleine Kontroll-Leuchte,

die anzeigt, daß die Steganlage unter Spannung steht. Eine stets im Clubhafen liegende Yacht hat keinen eigenen FI-Schalter, da die ganze Anlage ja mit einer Fehlerstromschutzschaltung geschützt ist. In fremden Häfen muß aber unbedingt ein steckbarer FI-Schutzschalter benützt werden. Man erhält ihn als „Steckmat“ heute in vielen Geschäften.

Was tut aber eine Yacht, die gelegentlich Häfen in England, Frankreich oder Italien anläuft? In keinem dieser Länder kennt man FI-Schutzschalter. Wer sichergehen möchte, daß er sich nicht elektrisch hinrichtet, schafft sich zweckmäßigerweise einen handelsüblichen Anschlußverteiler an (A. W. Niemeyer, Hamburg).

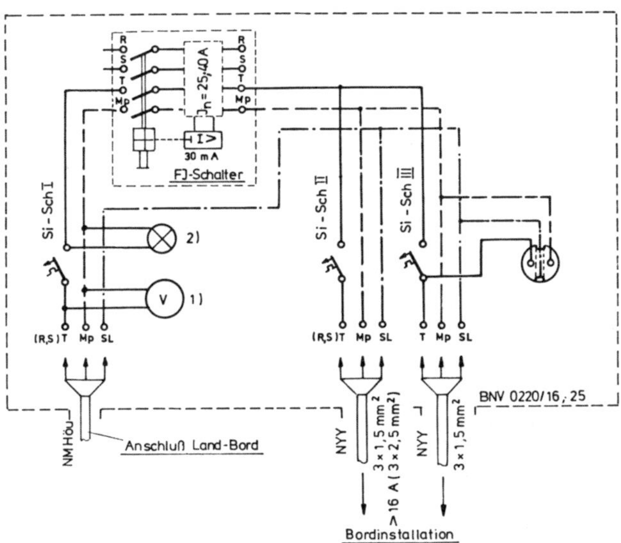

Abb. V Schaltbild eines Anschlußverteilers mit eingebautem FI-Schutzschalter. Eine solche Anlage sichert die Besatzung gegen Stromunfälle.

Bei einem Fahrtenbereich, bei dem Häfen mit 110 V angelaufen werden, müßte ein zusätzlicher Anpassungstrafo installiert werden. Um Trenntrafo und Anpassungstrafo in einem Transformator zu vereinigen, kann auch eine besondere Schaltung angewandt werden. Dabei wird, von der im Hafen vorhandenen Spannung gesteuert, über ein Relais das jeweilige Übersetzungsverhältnis durch Zu- oder Abschaltung von sekundären Wicklungsteilen eingestellt. Dies erfordert keinerlei Nachdenken des Skippers. (Über eine solche Anlage berät Herr R. Beier, 1000 Berlin 28, Am Rosenanger 58).
Die nächste Yacht besitzt schon einen einfachen Bordanschluß, der aus Sicherungsautomat, KWh-Zähler, Steckdose und Kontroll-Leuchte besteht. Der Eigner hat einen steckbaren Schutzschalter, den er in fremden Häfen benutzt. Er kann nämlich nicht wissen, ob hier das Netz über Fehlerstrom abgesichert ist, außerdem schadet es nicht, wenn das tatsächlich der Fall sein sollte. Außerdem sind FI-Schutzschalter auch bei 127 V oder 110 V funktionsfähig.

Elektrolytische Korrosion durch Landstrom

Auf Yachten mit metallischem Rumpf ist ein Trenntransformator erforderlich, um die elektrolytische Korrosion, verursacht durch Spannungsverschleppungen über den Null-Leiter oder Schutzleiter eines öffentlichen Netzes, zu verhindern. In einem vorangegangenen Kapitel wurde bereits die stationäre elektrolytische Korrosion behandelt. Die Schäden beider Korrosionsarten sind die gleichen, jedoch erfolgen die durch Fremd- oder Fehlerspannung verursachten Korrosionen schneller, wenn eine höhere Spannung als die der elektrolytischen Spannungsreihe die Ursache ist.
Die Bundesmarine hat die Angelegenheit kürzlich meßtechnisch untersuchen lassen. Es zeigte sich, daß schon kleinste Spannungen mit Strömen im Mikroamperebereich (!) elektrolytische Korrosion unterhalten können. Wichtig sind dabei die Einwirkungszeit und die Leitfähigkeit des Wassers. Sie ist also im Mittelmeer höher, hier kommt noch die höhere Temperatur dazu.
In der Berufsschiffahrt wird der Isolationszustand, d. h. die Feststellung von Fremdspannungen infolge bedingt durchlässiger Isolation mit emp-

findlichen Meßeinrichtungen laufend kontrolliert. Auf Yachten mit Metallrumpf ist mithin stets ein Trenntrafo erforderlich, wenn eine 220-V-Anlage mit einem Fehlerstromschutzschalter mit 30 mA Fehlerstrom installiert ist, denn unterhalb dieses Stromes von 30 mA können schon beachtliche Korrosionen festgestellt werden. Eine Reduktion des Fehlerstromes auf 5 mA erreicht der „Steckmat“ Fehlerstromschutzschalter, mit dem eine Ansprechgrenze von 5 mA erreicht wird. Hier ist bei kürzeren Liegezeiten schon eine recht gute Sicherheit gegen Korrosion gegeben.

Die Schutztrennung mit einem Trenntrafo ist heute durch die wirksamere Technik des Fehlerstromschutzschalters abgelöst worden.